建筑工程简明知识读物

施工识图自学读本

骆中钊　张惠芳　卢昆山　主编

金盾出版社

内 容 提 要

　　本书是《建筑工程简明知识读物》中的一册,书中系统地介绍了建筑工程施工图的基本知识、总平面图和建筑施工图、结构施工图、给排水施工图、暖通施工图、电气施工图、建筑室内装饰施工图的自学方法。以便读者通过自学和实践,能够基本看懂建筑工程施工图纸。

　　本书内容丰富,通俗易懂,可供广大农村知识青年和青年建筑工人阅读,也可作为大专院校相关专业师生的教学参考。

图书在版编目(CIP)数据

施工识图自学读本/骆中钊,张惠芳,卢昆山主编 . —北京:金盾出版社,2015.12(2019.12 重印)

(建筑工程简明知识读物/骆中钊主编)

ISBN 978-7-5186-0544-6

Ⅰ.①施…　　Ⅱ.①骆…②张…③卢…　　Ⅲ.①建筑制图—识别　　Ⅳ.①TU204

中国版本图书馆 CIP 数据核字(2015)第 227658 号

金盾出版社出版、总发行

北京市太平路 5 号(地铁万寿路站往南)

邮政编码:100036　电话:68214039　83219215

传真:68276683　网址:www.jdcbs.cn

北京印刷一厂印刷、装订

各地新华书店经销

开本:705×1000　1/16　印张:10.5　字数:209 千字

2019 年 12 月第 1 版第 2 次印刷

印数:4 001~5 500 册　定价:35.00 元

(凡购买金盾出版社的图书,如有缺页、倒页、脱页者,本社发行部负责调换)

建筑工程简明知识读物编委员

组编单位：乡魂建筑研究学社、泉州市土木建筑学会

协编单位：闽南理工学院、武夷学院

顾　问：许景期　骆沙鸣　郭文聖

主　任：骆中钊

副主任：李得民　施振华　潘世墨　许为勇

编　委：（以姓氏笔划为序）

王灿彬　冯惠玲　卢昆山　戌章榕　汤志强　张仪彬

张惠芳　李　雄　李伙穆　李国彦　李建成　李松梅

李得民　杨超英　金香梅　施振华　驾玉成　骆　伟

骆中钊　郭定国　蓝四清

前　言

我国改革开放 30 多年以来,城乡建设发展的速度不断加快,基本建设大范围展开,建筑工程的规模和数量都呈上升趋势。为适应国家建设发展的需要,建筑企业必须武装自己的建设队伍,努力提高工艺水平和施工质量,只有这样才能在激烈的市场竞争中立于不败之地。我们根据建筑人才市场的需求编写了《建筑工程简明知识读物》丛书,希望帮助那些刚刚或即将从事建筑行业工作的朋友们,通过自学或短期培训了解建筑工程的基本知识,掌握各项操作技术,并通建筑工程施工实践成为本专业的行家里手。

《建筑工程简明知识读物》丛书共分 6 册:《工程预算自学读本》《施工识图自学读本》《土建技术自学读本》《设备安装自学读本》《室内装修自学读本》《安全知识自学读本》,内容概括了建筑工程施工的主要基础知识。

自学建筑工程施工技术的读者在学习过程中遇到的最大困难可能要属无法与实际工作环境对照参考,我们在编写这套书的过程中特别注意到读者的需求,在内容安排上增加了示例图解和分析说明,以帮助读者自学掌握。

建筑工程的施工图纸,是由设计单位根据设计任务书的要求及有关设计资料,设计绘制而成。主要是为满足工程施工中的各项具体技术要求,提供一切准确可靠的施工图纸,是施工单位进行施工的依据。因此,建筑工人要掌握施工技术要领,首先就必须学会识读建筑工程施工图纸。

本书内容丰富,通俗易懂,可供从事建筑业的广大农村知识青年和青年建筑工人阅读,也可作为大专院校相关专业师生的教学参考。

本书的编写,得到很多领导、专家、学者和同行的支持和帮助,骆伟、陈磊、冯惠玲、张仪彬、骆毅、庄耿、李雄、邱添翼等同志参加本书的编著。借此致以衷心的感谢。

限于水平,不足之处,敬请广大读者批评指正。

骆中钊　张惠芳　卢昆山

目　　录

第一章 建筑工程施工图

第一节 建筑工程施工图的基本知识

人们在生活中所见到的高楼大厦和工业生产使用的高大多样的厂房,都是随着社会经济发展而兴建起来的。我们在建造这些建筑物时,事先都要有从事设计的工程技术人员进行设计,通过设计形成一套建筑物的建筑施工图。这些图纸外观为蓝色,所以也称为"蓝图"。在这些图纸上运用各种线条绘成各种形状的图样,建筑施工时就根据这些图样来建造房屋。如同做衣服一样,裁剪时需要先划成一片片样子,最后裁拼成整件衣服。不同的是房屋建筑不像做衣服那么简单,而是要按照图纸上所定的建筑材料,制成各类不同的构件,再按照一定的构造原理组合而成。

概括地说:"建筑工程施工图就是为建筑工程上所用的,一种能够十分准确地表达出建筑物的外形轮廓、大小尺寸、结构构造和材料做法的图样。"素有"建筑工程技术语言"的称誉。

建筑工程施工图是房屋建筑施工时的依据,施工人员必须按图施工,不得任意变更图纸或无规则施工。因此作为建筑施工人员(包括工程技术人员和技术工人)都必须看懂图纸,记住图纸的内容和要求,这是搞好施工必须具备的先决条件。同时,熟悉图纸、审核图纸也是施工准备阶段的一项重要工作。

根据专业的不同,建筑工程施工图一般分为建筑施工图、结构施工图和设备施工图三大类,分别简称"建施"、"结施"和"设施"。

一套完整的工程图纸应按专业顺序编排,一般是按图纸目录、设计施工总说明、建筑施工图、结构施工图、给水排水施工图、暖通空调施工图、电器施工图的顺序编排。其中,各专业的图纸,应按图纸内容的主次关系、逻辑关系,并且遵循"先整体,后细部"以及施工的先后顺序进行排列。图纸的编号通常称为图号,其编号方法一般是将专业施工图的简称和排列序号组合在一起,如:建施-1、结施-1···等,也可简称为建-1、结-1···等。

图纸目录应包括建设单位名称及工程名称、图纸的类别及设计编号,各类图纸的图号、图名及图幅大小等,其目的是便于查阅图纸。设计施工总说明应包括工程概况、设计依据、施工要求等。建筑施工图主要包括总平面图、建筑平面图、建筑立面图、建筑剖面图和建筑详图等。结构施工图主要包括基础图、楼层结构平面布置图及构件详图等。设备施工图主要包括给水排水施工图、暖通空调施工图和电器施工图等。

第二节　建筑工程施工图的形成

建筑施工图是按照一定原理绘制而成的。为了给看图纸作一些技术准备,必须先理解投影的概念与视图如何形成。一是从实物通过投影变为图形的原理说明物与图之。间的关系;二是从利用投影原理见到的视图说明形成图纸的道理。

在日常生活中人们常常看到影子这种自然现象。如在阳光照射下的人影、树影、房屋或景物的影子。如图 1-1 所示可以看出,这是一座栏杆在阳光照射下的影子。

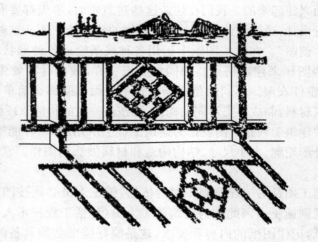

图 1-1　影子

通常,物体产生影子需要两个条件,一要有光线,其次要有承受影子的平面,缺一不行。而影子一般只能大致反映出物体的形状,如果要准确地反映出物体的形状和大小,就要对影子进行"科学的改造",使光线对物体的照射按一定的规律进行。这时光线在承影面上产生的影子就能够准确反映物体的形状和大小。那么要什么样的光线呢?这种光线要互相平行,并且垂直照射物体和投影平面,由此产生的该物体某一面的"影子",这种影子就称为物体这一面的投影。如图1-2所示是一块三角板的投影。这里要说明图上几个图形:第一,图上的箭头表示投影方向,虚线为投影线。第二,A—A 平面称为

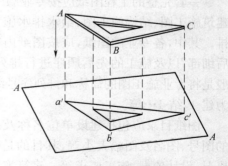

图 1-2　三角板的投影

投影平面。第三,三角板就是投影的物体。这种投影的方法称为正投影。正投影是建筑设计图中常用的投影方法。

一个物体一般都可以在空间 6 个竖直面上投影(后面所讲的投影都是指正投影),如一块砖它可以向上、下、左、右、前、后的 6 个平面上投影,反映出它的大小和形状。由于砖也是一块平行 6 面体,它的各两个面是相同的,所以只要取它向下、后、右3 个平面上的投影图形,就可以知道这块砖的形状和大小。建筑和机械图纸的绘制,就是按照这种方法绘出来的。因此,只要学会了看懂这种图形,可以在头脑中想象出一个物体的立体形象。

第三节　建筑工程施工图的表示方法

如图 1-3 所示为一正方体模型,虽然直观,但在这个图形中各正方形侧面都变形为平行四边形,而且各方向的尺寸也不方便表达。因此,建筑工程设计按照一定的投影原理和图示方法,来表达建筑物的位置、形状及大小等。

一、投影的基本知识

人们都有过在路灯下行走的经历,便会发现影子忽前忽后,忽长忽短,还有时在脚下变为"一点",这就是日常生活中的投影现象。这种投影是变化的,无规律的。在建筑工程设计

(a) 正方体　　　(b) 正方体的三面投影

图 1-3　正方体及正方体的三面投影

图纸绘制上将这种光线称为投影线,将地面称为投影面,将影子的形状画下来称为投影图(简称投影)。

为了使投影具有一定的规律,建筑工程设计图纸上一般规定所有的投影线都互相平行,并且与投影面垂直,这样得到的投影称为正投影,如图 1-3(b)所示就是用正投影原理绘制的正方体的三面投影图。这种图形能真实反映形体各方向的真实形状,便于尺寸表达,而且绘制方便。建筑工程设计图纸就是采用正投影原理绘制的。

1. 正投影的性质

(1)类似性。当空间直线或平面与投影面倾斜时,其投影仍分别为直线或平面。其中,直线的投影比实际长度短,如图 1-4(a)所示;平面的投影比其实际形状小,但组成平面的边数不变。如图 1-4(b)所示。图中 H 表示投影面。

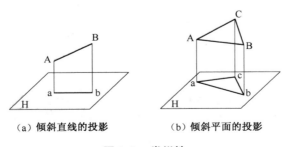

(a) 倾斜直线的投影　　　　(b) 倾斜平面的投影

图 1-4　类似性

（2）真实性。当空间直线或平面与投影面平行时，其投影分别反映直线的真实长度及方向或平面的真实形状及位置。如图 1-5 所示。

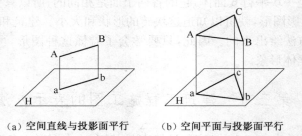

（a）空间直线与投影面平行　　　（b）空间平面与投影面平行

图 1-5　真实性

（3）积聚性。当空间直线或平面与投影面垂直时，其投影分别积聚为一点和一条直线。这是一种特殊情况，如图 1-6 所示。

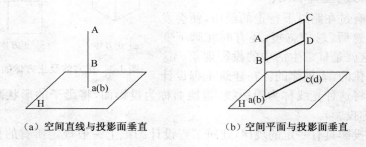

（a）空间直线与投影面垂直　　　（b）空间平面与投影面垂直

图 1-6　积聚性

（4）从属性。位于空间直线上的点或位于空间平面上的点、直线，其投影位于直线或平面的对应投影上。如图 1-7 所示。

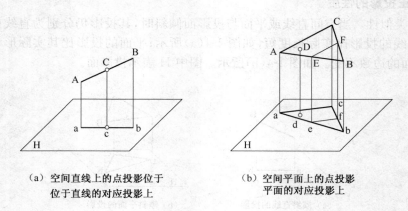

（a）空间直线上的点投影位于　　　（b）空间平面上的点投影
　　位于直线的对应投影上　　　　　　平面的对应投影上

图 1-7　从属性

(5)定比性。位于空间直线上的点,将直线分为两段,该两段实际长度之比等于对应投影长度之比。如图 1-7(a)中,AC：CB=ac：cb。

(6)平行性。当空间两直线相互平行时,其对应投影也相互平行,并且两实长之比等于两投影长度之比。如图 1-8 中,AB∥CD 则 ab∥cd,且 AB：CD=ab：cd。

2. 三面正投影图的形成

图 1-9(a)所示,为双坡屋面房子的模型,由四个侧面,一个水平底面和两个与地面(H)倾斜的屋面组成。可见,四个侧面都与 H 面垂直,其 H 面投影积聚为四段直线;水平底面与 H 面平行,其 H 面投影显示实形;两个屋面都与 H 面倾斜,其 H 面投影为与原矩形屋面类似的两个相邻矩形。综合分析,可知该模型的 H 面投影如图 1-9(b)所示。

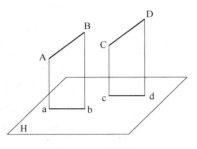

图 1-8　平行性

(a) 双坡屋面建筑模型阶模型　(b) 双坡屋面建筑的水平投影　　(c) 两级台

图 1-9　单面正投影图

如图 1-9(c)所示为两级台阶,其 H 面投影与图 1-9(b)完全相同。可见,单面投影图不能确定出物体的真实形状,就必须采用三面投影图来表示物体的形状,参见图 1-3(b)。

要想得到三面投影图,首先应建立如图 1-10(a)所示的三个互相垂直的投影面。其中,H、V、W 三个投影面分别称为水平投影面、正立投影面和侧立投影面;三条交线分别称为 X 轴、Y 轴和 Z 轴;三轴线交于原点 O。

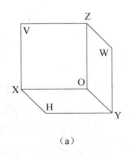 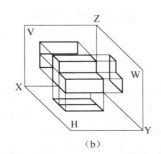 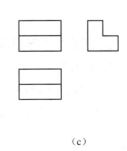

(a)　　　　　　　　　　(b)　　　　　　　　　　(c)

图 1-10　三面正投影图

　　然后,用正投影的方法将物体分别向三个投影面进行投影,也就是从前向后投影,在 V 面上得到正面投影图(也称正立面图),该投影反映物体长度和高度方向的尺寸;从上向下投影,在 H 面上得到水平投影图(也称平面图),该投影反映物体长度和宽度方向的尺寸;从左向右投影,在 W 面上得到左侧面投影图(也称侧立面图),该投影反映物体高度和宽度方向的尺寸;如图 1-10(b)所示。

　　显然,如图 1-10(b)所示的绘图方法非常不方便,习惯上,保持 V 面不动,使 H、W 面分别绕 X、Z 轴旋转 90°,与 V 同面,这样,三个投影图便位于同一平面,绘图和看图都变得比较方便,如图 1-10(c)所示。

　　由于每个投影图只能反映物体两个方向的尺寸,所以,看图时必须将三个投影图联系起来,才能想象出物体的整体形状。如图 1-11 所示,给出两组物体的三面投影图,试着想象出它们的形状,并比较异同。如图 1-12 所示为与其对应的立体图。

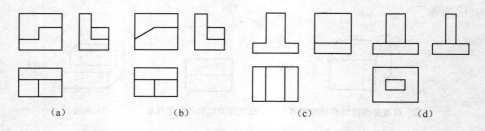

(a)　　　　(b)　　　　(c)　　　　(d)

图 1-11　物体的三面正投影图

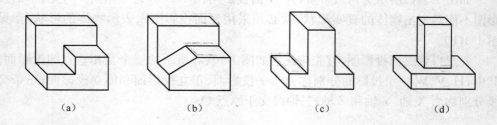

(a)　　　　(b)　　　　(c)　　　　(d)

图 1-12　物体的立体图

二、剖面图与断面图

1. 剖面图

　　(1)剖面图的形成。用正投影法绘制建筑物投影图时,不可见轮廓应使用虚线。对于一幢房屋,内部墙体、楼梯、门窗等均应采用虚线绘制,这样使得图形不清晰,标注尺寸也不方便。工程上一般假想用剖切平面将建筑物剖开,然后移去观察者与剖切平面之间的部分,再用正投影的方法对剩余部分进行投影,这样就使其内部结构露出,原来的不可见轮廓变为可见,这些结构就可用实线表示,如图 1-13 所示。

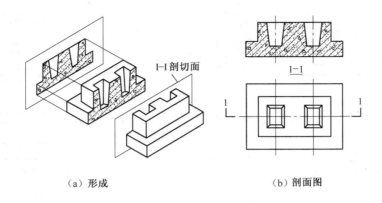

（a）形成　　　　　　　　　（b）剖面图

图 1-13　剖面图的形成

（2）剖面图例。剖面图中规定，被剖切面剖切到的部分应绘制相应的材料图例，切到部分的轮廓线用粗实线绘制；剖切面没有剖切到，但沿投射方向能看到的部分用中实线绘制。并按国家标准常用建筑材料图例表示材料做法，如图 1-13 所示的杯形基础为钢筋混凝土材料

（3）剖切符号。绘制剖面图时，一般使剖切平面平行于基本投影面，如图 1-13 所示，剖切平面 P 平行于 W 面；并尽量通过物体上的孔、洞、槽等不可见结构的中心线。

剖切面位置一般用剖切符号表示，剖切符号由剖切位置线、投射方向线及编号（采用阿拉伯数字）组成，如图 1-14 所示。

假设图 1-14 所示长方形轮廓代表某一建筑物的水平投影图，则其 1-1 剖面图表示用一个侧平面将该建筑物沿剖切位置线切开后自右向左投影；而 3-3 剖面图表示用两个前后错开的正平面将建筑物切开后自前向后投影，此时应在转

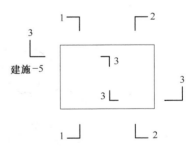

图 1-14　剖面的剖切位置表示方法

折位置线外侧加注相同的编号，"建施-5"表示 3-3 剖面图绘制在"建施"第 5 号图纸上。

（4）几种常见的剖切方式。

①用两个平行剖切面剖切，如图 1-15 所示的 1-1 剖面图。用两个相交剖切面剖面，如图 1-16 所示的 1-1、2-2 剖面图。

②用对称符号表示对称物体的剖切半剖面，如图图 1-17 所示的 1-1 剖面图。

③用局部的剖切面剖切，如图 1-18 所示。用这种方法剖切时，应在图中注明剖切线位置。

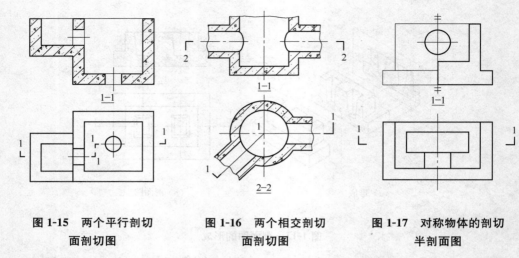

图 1-15 两个平行剖切　图 1-16 两个相交剖切　图 1-17 对称物体的剖切
　　　　面剖切图　　　　　　　　面剖切图　　　　　　　　半剖面图

如果建筑形体在某方向对称,外形又比较复杂时,可采用"剖一半,留一半"的方法,并规定用形体的对称中心线作为分界线,如图 1-17 所示。这种剖面图习惯上称为半剖面图。图中对称中心线两端的两条平行细实线为对称符号。

另外,根据物体的具体结构,还可仅剖切形体的某一局部,并用波浪线作为分界线,习惯上称为局部剖面图,如图 1-18 所示。

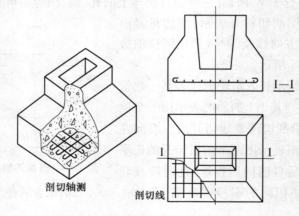

图 1-18 局部剖面图

2. 断面图

(1)断面图的形成。对于梁、板、柱等构件,有时仅需要表示其断面的形状,而不必绘制其余可见部分的轮廓。如图 1-19(a)所示的构造柱,可采用如图 1-19(b)所示的断面图表示剖断面的形状。若采用如图 1-19(c)所示的剖面图,反而显得重点不突出。

(2)断面图例。在断面轮廓线内也应绘制相应材料的图例。

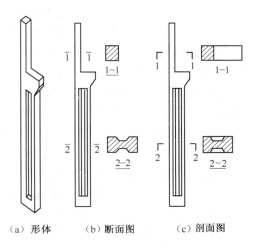

（a）形体　　（b）断面图　　（c）剖面图

图 1-19　断面图的形成示意图

（3）剖切符号。断面图中的剖切符号仅由剖切位置线和编号组成。编号写在位置线的哪一侧，就表示向哪一侧投射，如图 1-19（b）所示的 1-1、2-2 剖面图均表示向下方投射。

（4）断面图的绘制位置。一般情况下，断面图绘制在投影图外侧，并按顺序排列，最好绘制在剖切位置线的延长线上，如图 1-19 所示；有时也可绘制在杆件的中断处，如图 1-20 所示的槽钢；对于结构梁、板的断面图可直接绘制在结构布置图上，如图 1-21 所示。

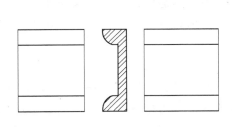

图 1- 20　断面图画在杆件的中断处示意图

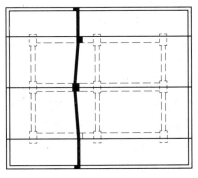

图 1-21　断面图画在布置图上示意图

图 1-20 及图 1-21 的两种绘制位置，不会引起任何误解，无须标注剖切符号。

第四节　建筑工程施工图的内容

一、建筑工程施工图的设计

建筑工程的设计图纸，是由设计单位根据设计任务书的要求和有关设计资料

（如房屋的用途、规模、建筑物所在现场的自然条件、地理情况等），以及计算数据、建筑艺术风格等多方面因素综合考虑，设计绘制而成的图纸。设计时，首先进行初步设计，这一阶段主要是根据建设单位提出的设计任务和要求，进行调查研究，搜集资料，提出设计方案，然后初步绘出草图。较为复杂的还可以绘制透视图或制作建筑物的模型。初步设计的图纸和有关文件只能作为提供研究和审批使用，不能作为施工的依据。第二阶段是技术设计阶段，这一阶段主要根据初步设计确定的内容，进一步解决建筑、结构、材料、设备（水、暖、电、通风等）上的技术问题，使各工种之间取得统一，达到互相协调配合。在技术设计阶段各工种均需绘制出相应的技术图纸，写出有关设计说明和初步计算等，为第三阶段施工图设计提供比较详细的资料。最后才是施工图设计，主要是为满足工程施工中的各项具体技术要求，提供一切准确可靠的施工依据。它包括全套工程的施工图纸和相配套的有关说明和工程概算。整套施工图纸是提供施工依据的设计最终成果，是施工单位进行施工的依据。

二、建筑工程施工图的种类

1. 建筑总平面图

建筑总平面图是说明建筑物所在地理位置和周围环境的平面图。一般在图上标出新建建筑物的外形，建筑物周围的地物或旧建筑以及建成后的道路、水源、电源、上下水道干线的位置，如在山区还应标有等高线。有的总平面图，设计还必须根据测量所定的坐标网，绘制出需建房屋的方格网和标出水准标点。为了表示建筑物的朝向和方位，在总平面图中，还应绘有指北针和表示风向的"风玫瑰"图等。

2. 建筑施工图

建筑施工图是说明房屋建造的规模、尺寸、细部构造的图纸。这类图纸的图标上的图号区内常写为建施×号图。建筑施工图包括建筑平面图、立面图、剖面图以及施工详图、材料做法说明等。

3. 结构施工图

结构施工图是说明一栋房屋的骨架构造的类型、尺寸、使用材料要求和构件的详细构造的图纸。这类图纸的图标上的图号区内常写为结施×号图。它包括结构平面布置图、构件详图，必要时还有剖面图。此外，基础图纸也应归入结构施工图中。

4. 暖卫施工图

这类图纸说明一栋房屋中卫生设备、上、下水管道，暖气管道，以及有煤气或通风设备的构造情况。它分为平面图、透视图、详图等。

5. 电气施工图

这类图纸说明所建房屋内部电气设备、线路走向等构造。分为平面图、系统图、详图等。

三、图纸的规格

所谓图纸的规格就是图纸幅面大小的尺寸。为了做到建筑工程制图基本统一，清晰简明,提高制图效率,满足设计、施工、存档的要求,国家制订了全国统一的标准:《房屋建筑制图统一标准》(GB/T 50001—2010)。该标准规定,图纸幅面的基本尺寸为 5 种,其代号分别为 A0、A1、A2、A3、A4。图纸的规格见表 1-1。

表 1-1　图纸的规格　　　　　　　　　　　　　　　　(mm)

基本幅面代号	A0	A1	A2	A3	A4
b×1	841×1189	594×841	420×594	297×420	297×210
c		10		5	
a			25		

其图纸格式如图 1-22 所示。

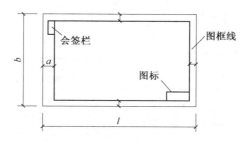

图 1-22　图纸格式示例

为了适应建筑物的具体情况,平面尺寸有时要适当放大,所以《房屋建筑制图统一标准》中又规定了图纸长边可以加长的尺寸。图纸长边加长尺寸见表 1-2。

表 1-2　图纸长边加长尺寸　　　　　　　　　　　　(mm)

幅 面 代 号	长 边 尺 寸	长边加长后尺寸
A0	1189	1486,1635,1783,1932,2080,2230,2378
A1	841	1051,1261,1472,1682,1892,2102
A2	594	743,892,1041,1189,1338,1486,1635
A3	420	630,841,1051,1261,1471,1682,1892

注:图纸的短边不得加长。

四、图标与图签

图标和图签是设计图框的组成部分。图标是说明设计单位、图名、编号的表格,如图 1-23 所示。该图是某设计院图纸上图标的具体例子,供读者参考。

×××设计院	××× 小区住宅		
设计	底层平面图,南立面图	图别	建施
制图　严谨	1-1 剖视图,门窗表	图号	J08-02
审核		日期	2001.08.18

图 1-23　图签格式示例

第五节　建筑工程施工图上的名称

为了看懂图纸,首先必须懂得图上的名称、图形和符号,作为看图的准备。

一、图线

在建筑施工图中,为了表示不同的意思,并达到图形的主次分明,必须采用不同的线型和不同宽度的图线来表达。

1. 线型的分类

线型分为实践、虚线、点画线、双点画线、折断线、波浪线等,线型的分类见表1-3。

表1-3　线型的分类

名称		线型	线宽	一般用途
实线	粗		b	螺栓、主钢筋线、结构平面图中的单线结构构件线、钢木支撑及系杆线,图名下横线、剖切线
	中		0.5b	结构平面图及详图中剖到或可见的墙身轮廓线、基础轮廓线、钢、木结构轮廓线、箍筋线、板钢筋线
	细		0.25b	可见的钢筋混凝土构件的轮廓线、尺寸线、标注引出线,标高符号,索引符号
虚线	粗		b	不可见的钢筋、螺栓线,结构平面图中的不可见的单线结构构件线及钢、木支撑线
	中		0.5b	结构平面图中的不可见构件、墙身轮廓线及钢、木构件轮廓线
	细		0.25b	基础平面图中的管沟轮廓线、不可见的钢筋混凝土构件轮廓线
单点长画线	粗		b	柱间支撑、垂直支撑、设备基础轴线图中的中心线
	细		0.25b	定位轴线、对称线、中心线
双点长画线	粗		b	预应力钢筋线
	细		0.25b	原有结构轮廓线
折断线			0.25b	断开界限
波浪线			0.25b	断开界限

前四类线型分为粗、中、细三种,后两种一般为细线。线的宽度用 b 作单位,b 的宽度按国家标准取值,线宽组见表1-4。

表 1-4　线宽组

线宽比	线宽组/mm					
b	2.0	1.4	1.0	0.7	0.5	0.35
0.5b	1.0	0.7	0.5	0.35	0.25	0.18
0.35b	0.7	0.5	0.35	0.25	0.18	

注：1. 需要缩微的图纸，不宜采用.18mm 线宽。

　　2. 在同一张图纸内，各部同线宽组中的细线，可统一采用较细线宽组的细线。

2. 线条的种类和用途

线条的种类分为定位轴线、剖面的剖切线、中心线、尺寸线、引出线、折断线、虚线、波浪线、图框线等

(1)定位轴线：采用细点画线表示。它是表示建筑物的主要结构或墙体的位置，亦可作为标志尺寸的基线。定位轴线一般应编号。在水平方向的编号，采用阿拉伯数字，由左向右依次注写；在竖直方向的编号，采用大写汉语拼音字母，由下而上顺序注写。轴线编号一般标志在图面的下方及左侧，如图 1-24 所示。

国标还规定轴线编号中不得采用 I、O、Z 这 3 个字母。此外一个详图如适用于几个轴线时，应将各有关轴线的编号注明，注法如图 1-25 所示，其中左边的 1、3 轴图形是用于 2 个轴线时；中间的 1、3、6 等的图形是用于 3 个或 3 个以上轴线时；右边的 1 至 15 轴图形是用于 3 个以上连续编号的轴线时。

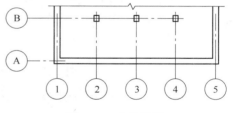

图 1-24　定位轴线

通用详图的轴线号，只用"圆圈"，不注写编号，画法见图 1-26。

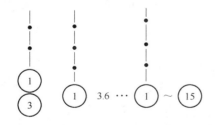

图 1-25　轴线标注

图 1-26　通用详图的轴线号可不编写

两个轴线之间，如有附加轴线时，图线上的编号就采用分数表示，分母表示前一轴线的编号，分子表示附加的第几道轴线，分子用阿拉伯数字顺序注写。表示方法如图 1-27 所示。

(2)剖面的剖切线：一般采用粗实线，图线上的剖切线是表示剖面的剖切位置和剖视方向。编号是根据剖视方向注写于剖切线的一侧，如图 1-28 所示，其中"2—2"剖

切线就是表示人站在图右面向左方向(即向标志 2 的方向)视图。

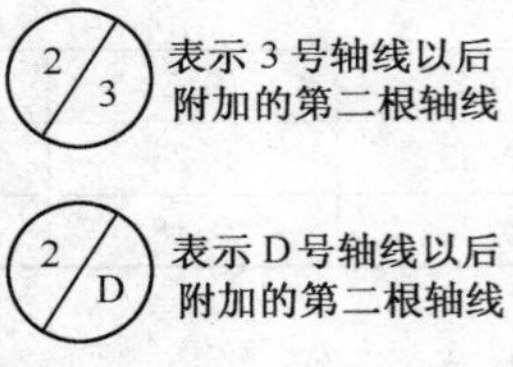

图 1-27 两个轴线之间附加轴线的表示法

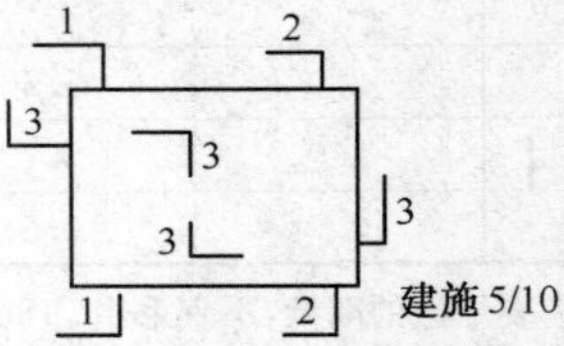

2 / 3 表示 3 号轴线以后附加的第二根轴线

2 / D 表示 D 号轴线以后附加的第二根轴线

图 1-28 剖面的剖切线位置表示法

建施 5/10

国标还规定剖面编号采用阿拉伯数字,按顺序连续编排。此外转折的剖切线(如图 1-28 中"3—3"剖切线)的转折次数一般以一次为限。看图时,如果被剖切的图面与剖面图不在同一张图纸上时,在剖切线下会有注明剖面图所在图纸的图号。

当构件的截面采用剖切线时,编号亦用阿拉伯数字,编号应根据剖视方向注写于剖切线的一侧,例如向左剖视的数字就写在左侧,向下剖视的,就写在剖切线下方如图 1-29 所示。

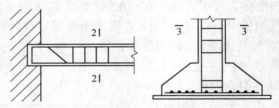

图 1-29 构件截面剖切线表示法

(3)中心线:中心线用细点画线或中粗点画线绘制,是表示建筑物或构件、墙身的中心位置。如图 1-30 所示是一榀屋架中心线的表示法。在图上为了省略对称部分的图面,在图上用点画线和两条平行线,这个符号绘在图上,称为对称符号,这个中心对称符号是表示该线的另一边的图面与已绘出的图面,相对位置是完全相同的。

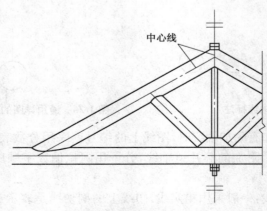

中心线

图 1-30 屋架中心线的表示法

(4)尺寸线:尺寸线多数用细实线绘出,在图上表示各部位的实际尺寸,它由尺寸界线、起止点的短斜线(或圆黑点)和尺寸线所组成。尺寸界线有时与房屋的轴线重合,它用短竖线表示,起止点的斜线一般与尺寸线成45°角,尺寸线与界线相交,相交处应适当延长一些,便于绘短斜线后使人看时比较清晰,尺寸大小的数字应填写在尺寸线上方的中间位置。尺寸线的表示方法如图1-31所示。

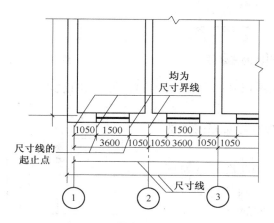

图1-31 尺寸线的表示方法

此外桁架结构类的单线图,其尺寸在图上都标在构件的一侧,如图1-32所示。单线一般用粗实线绘制。

标志半径、直径及坡度的尺寸,其标注方法如图1-33所示。半径以 R 表示,直径以 ϕ 表示,坡度用三角形或百分比表示。

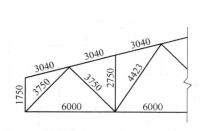

图1-32 桁架结构类的单线图

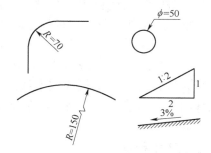

图1-33 半径、直径及坡度的尺寸表示法

(5)引出线:引出线用细实线绘制。引出线是为了注释图纸上某一部分的标高、尺寸、做法等文字说明时,因为图面上书写部位尺寸有限,而用引出线将文字引到适当部位加以注解。引出线的表示法如图1-34所示。

(6)折断线:一般采用细实线绘制。折断线是绘图时为了少占图纸而把不必要的部分省略不画的表示,折断线表示法如图1-35所示。

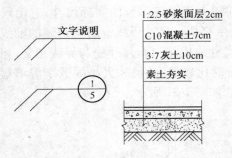

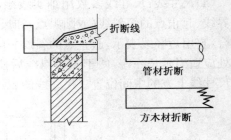

图 1-34 引出线的表示法　　　　图 1-35 折断线表示法

(7)虚线:虚线是线段及间距应保持长短一致的断续短线。它在图上有中粗、细线两类。虚线表示:

①建筑物看不见的背面和内部的轮廓或界线。

②设备所在位置的轮廓。如图1-36所示是表示一个基础杯口的位置和一个房屋内锅炉安放的位置。

(8)波浪线:可用中粗或细实线徒手绘制。它表示构件等局部构造的层次,用波浪线勾出以表示构件内部构造。如图 1-37 所示为用波浪线勾出柱基的配筋构造。

(9)图框线:它用粗实线绘制,是表示每张图纸的外框。外框线应符合国标规定的图纸规格尺寸绘制。

(10)其他的线:图纸本身图面用的线条,一般由设计人员自行选用中粗或细实线绘制,还有像剖面详图上的阴影线,可用细实线绘制,以表示剖切的断面。

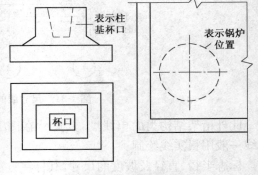

图 1-36 虚线表示法

二、尺寸和比例

1. 图纸的尺寸

一栋建筑物,一个建筑构件,都有长度、宽度、

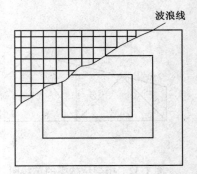

图 1-37 波浪线表示法

高度,它们需要用尺寸来表明它们的大小。平面图上的尺寸线所示的数字即为图面某处的长、宽尺寸。按照国家标准规定,图纸上除标高的高度及总平面图上尺寸用米为单位标志外,其他尺寸一律用毫米为单位。为了统一起见所有以毫米为单位的尺寸在图纸上就只写数字不再注单位了。如果数字的单位不是毫米,那么必须注写

清楚。如前面图 1-31 中的 3600 是为①—②轴间的尺寸。按照我国采用的长度计算单位规定,1m＝100cm＝1000mm,那么 3600 不注单位即为 3.60m,俗称 3 米 6。在实际施工中量尺寸时,只要量取 3.60m 长就对了。

在建筑设计中为了标准化、通用性,促使建筑制品、建筑构配件、组合件实现规模生产,使用不同材料,不同形式和方法制作的构配件及组合件具有较大的通用性和互换性,在设计上建立了模数制。我国在《建筑模数协调统一标准》中规定了模数和模数协调原则。

建筑模数是设计上选定的尺寸单位。作为建筑空间、构件以及有关设施尺寸的协调中的增值单位。我国选定的基本模数(是模数协调中的基本尺寸)值为 100mm。而整个建筑物和建筑物的一部分以及建筑中组合件的模数化尺寸,应是基本模数的倍数。

因此,在基本模数这个单位值上又引出扩大模数和分模数的概念。扩大模数是基本模数的整数倍数,如图 1-31 的①—②轴的尺寸 3600mm,就是 100mm 这个基本模数的整数倍;分模数则是整数除基本模数的数值,如木门窗的厚度为 50mm,则是用 2 去除 100mm 得到的分模数。

但国家对模数的扩大及分小有一定的规定:如扩大模数的扩大倍数为 3、6、2、15、30、60;分模数为 1/10、1/5、1/2。凡符合扩大模数的倍数(整数)或分模数的倍数,则其尺寸为符合国家统一模数的尺寸,否则为非模数尺寸,则为非标准尺寸。如平面尺寸 3600mm,即为 6 倍模数的 6 倍,即:100×6(规范规定的 6 倍)再乘以 6(整数倍),则得出为 3600mm,称为标准尺寸;而有些设计房屋的开间定为 3400mm 则它是非标准的了。为了适应其尺寸,如空心楼板的长度就要生产出长 3380mm 的尺寸,这与标准的 3280mm、3580mm 长的标准构件不一样了,生产厂就要单独为其制作。

所以模数制是为提高设计速度,建筑标准化,提高施工效率和质量,降低造价都有好处。

2. 图纸的比例

图纸上标出的尺寸,实际上并非在图上就真是那么长,如果真要按实足的尺寸绘图,几十米长的房子是不可能用桌面大小的图纸绘出来的。而是通过把所要绘制的建筑物缩小几十倍、几百倍甚至上千倍才能绘成图纸。制图中把这种缩小的倍数叫作"比例"。如在图纸上用图面尺寸为 1cm 的长度代表实物长度 1m(也就是代表实物长度 100cm)的话,那么我们就称用这种缩小的尺寸绘成的图的比例称为 1：100。反之一栋 60m 长的房屋用 1：100 的比例描绘下来,在图纸上就只有 60cm 长了,这样在图纸上也就可以画得下了。所以知道了图纸的比例之后,只要量出图上的实际长度再乘上比例倍数,就可以知道该建筑物的实际尺寸了。

国家标准还规定,比例必须采用阿拉伯数字表示,例如 1：1、1：2、1：50、1：100 等等,不得用文字如"足尺"或"半足尺"等方法表示。

图名一般在图形下面注明,并在图名下绘一粗实线来显示,一般比例注写在图名的右侧。如下:

平面图 1：200

当一张图纸上只用一种比例时,也可以只标在图标内图名的下面。标注详图的比例,一般都写在详图索引标志的右下角,如图 1-38 所示。

图纸常用的比例见表 1-5。

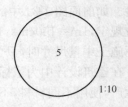

图 1-38   详图号表示法

表 1-5   图纸常用的比例

图　　名	常　用　比　例	必要时可增加的比例
总平面图	1：500、1：1000、1：2000	1：2500、1：5000、1：10000
总图专业的断面图	1：100、1：200、1：1000、1：2000	1：500、1：5000
平面图、立面图、剖面图	1：50、1：100、1：200	1：150、1：5000
次要平面图	1：300、1：400	1：500
详图	1：1、1：2、1：5、1：10 1：20、1：25、1：50	1：3、1：4、1：30、1：40

识读图纸时懂得比例这个道理后,就可以用比例尺量取图上未标尺寸的部分,从而知道它的实际尺寸。懂得比例,会用比例这也是学习识图所需要的。

三、标高及其他

1. 标高

标高是表示建筑物的地面或某一部位的高度。在图纸上标高尺寸的注法都是以 m 为单位的,一般注写到小数点后 3 位,在总平面图上只要注写到小数点后 2 位就可以了。总平面图上的标高,用全部涂黑的三角表示,例如：▼75.50。在其他图纸上都用如图 1-39 所示的方法表示。

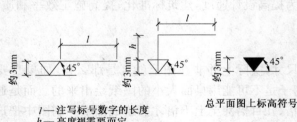

l—注写标号数字的长度
h— 高度视需要而定

图 1-39   标高表示法

在建筑工程施工图纸上用绝对标高和建筑标高两种方法表示不同的相对高度。

(1)绝对标高:它是以海平面高度为 0 点(我国是以青岛黄海海平面为基准),图纸上某处所注的绝对标高高度,就是说明该图面上某处的高度比海平面高出多少。绝对标高一般只用在总平面图上,以标志新建筑处地的高度。有时在建筑施工图的首层平面上也有注写,它的标注方法是如±0.000＝▼50.00,表示该建筑的首层地面比黄海海面高出 50m,绝对标高的图式是黑色三角形。

(2)建筑标高,除总平面图外,其他施工图上用来表示建筑物各部位的高度,都是以该建筑物的首层(即底层)室内地面高度作为"0"点(写作±0.000)来计算的。比"0"点高的部位我们称为正标高,如比 0 点高出 3m 的地方,标成:$\overset{3.000}{\triangledown}$,而数字前面不加"+"号。反之比"0"点低的地方,如室外散水低 45cm,我们标成$\overline{\underset{\triangledown}{-0.450}}$,在数字前面加上"—"号。建筑施工图上表示标高的方法如图 1-40 所示,图中(6.000)、(9.000)是表示在一个详图中,同时表示几个不同的标高时的标注方法。

2. 指北针与风玫瑰

在总平面图及首层的建筑平面图上,一般都绘有指北针,表示该建筑物的朝向。指北针的形式国标规定如图 1-41 所示。有的也有别的画法,但主要在尖头处要注明"北"字。如为对外工程,或进口图纸则用"N"表示北字。

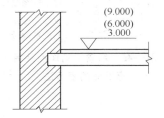

图 1-40 建筑工程施工图标高表示法   图 1-41 指北针表示法

风玫瑰图是总平面图上用来表示该地区每年风向频率的标志。它是以十字坐标定出东、南、西、北、东南、东北、西南、西北等 16 个方向后,根据该地区多年平均统计的各个方向吹风次数的百分数值,绘成的折线图形,我们叫它风频率玫瑰图,简称风玫瑰图。图上所表示的风的吹向,是指从外面吹向地区中心的。风玫瑰图的形状如图 1-42 所示,此风玫瑰图说明该地区多年平均的最频风向是西北风。虚线表示夏季的主导风向。

3. 索引标志

索引标志是表示图上该部分另有详图的意思。它用圆圈表示,圆圈的直径一般为 8~10mm。索引标志的不同表示方法有以下几种:

(1)所索引的详图,如在本张图纸上时,其表示方法,如图 1-43 所示。

(2)所索引的详图,不在本张图纸上时,其表示方法,如图 1-44 所示。

(3)所索引的详图,如采用标准图时,其表示方法,如图 1-45 所示。

(4)局部剖面的详图索引标志表示方法,如图 1-46 所示。

(5)所不同的是索引线边上有一根短粗直线,表示剖视方向,如图 1-46 所示。

(6)金属零件、钢筋、构件等编号亦用圆圈表示,圆圈的直径为 6~8mm,其表示方法如图 1-47 所示。

4. 符号

图纸上的符号是很多的。有用图示标志的符号,有用文字标志的符号,还有用符号标志说明某种含意的符号等。

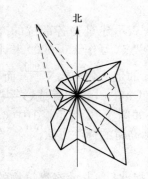

图 1-42 风玫瑰图表示法

图 1-43 所索引的详图表示法

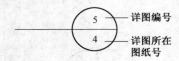

图 1-44 所索引的详图不在本
张图纸的表示法

图 1-45 所索引的详图采用
标准图的表示法

图 1-46 局部剖面详索引标志

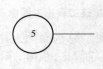

图 1-47 金属零件、钢筋、件等编号
亦用圆圈表示法

(1)对称符号：在前面提到中心线时已讲了对称符号。这个符号的含意是当绘制一个完全对称的图形时，为了节省图纸篇幅，在对称中心线上，绘上对称符号，则其对称中心的另一边可以省略不画。对称符号的表示方法，见前图 1-30 屋架中心线处的对称符号。

(2)连接符号：它是用在连接切断的结构构件图形上的符号。如当一个构件的这一部分和需要相接的另一部连接时就采用这个符号来表示。它有两种情形：

①所绘制的构件图形与另一构件的图形仅部分不相同时，可只画另一构件不同的部分，并用连接符号表示相连，两个连接符号应对准在同一线上。如图 1-48 所示。

②当同一个构件在绘制时图纸有限制，那时在图纸上就将它分为两部分绘制，在相连的地方再用连接符号表示，如图 1-49 所示有了这个符号就便于看图时找到两个相连部分，从而了解该构件的全貌。

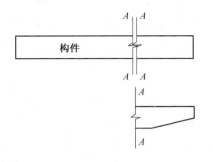

图 1-48　连接符号表示法

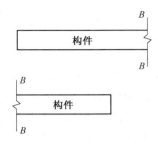

图 1-49　分为两部分的构件表示法

（3）各种单位的代号：在图纸上为了书写简便，如长度、面积、重量等单位，往往采用计量单位符号注法代表。其表示方法为：

①长度单位：

公里——km，米——m，厘米——cm，毫米——mm。

②面积单位：

平方公里——km^2，平方米——m^2，平方厘米——cm^2，平方毫米——mm^2。

③体积单位：

立方米——m^3，立方厘米——cm^3。

④质量单位：

克——g，千克（公斤）——kg，吨——t。

（4）钢筋符号：在施工图上，采用不同型号，不同等级的钢筋时，有不同的表示方法。这里我们列表说明，钢筋分类见表 1-6。

表 1-6　钢筋分类

钢筋种类	曾用符号	强度设计值 /(N/mm²)	钢筋种类	曾用符号	强度设计值 /(N/mm²)
Ⅰ级（A₃、AY₃）	$\phi \leqslant$	210	冷拉Ⅱ级钢 $d \leqslant 25mm$ $d > 28-40mm$		380 360
Ⅱ级（20MnSi） $d \leqslant 25mm$ $d = 28-40mm$		310 290	冷拉Ⅲ级钢		420
Ⅲ级（25MnSi）		340	冷拉Ⅳ级钢		580
Ⅳ级（40MnSiV）		500	钢 $d = 9.0mm$ 绞 $d = 12.0mm$ 线 $d = 15.0mm$		1130 1070 1000
冷拉Ⅰ级钢		250			

（5）混凝土强度的标志方法：图纸上为了说明设计上需要的混凝土强度，现在采用强度等级来表示。目前分为 C7.5、C10、C15、C20、C25、C30、C35、C40、C45、C50、C55、C60 等 12 个等级。它的含义是表示混凝土立方体上每平方毫米面积上可以承受多少

牛顿的压力。例如 C20,则表示每平方毫米上可承受 20 牛顿的压力。以此类推。

(6)砂浆强度的标志方法和混凝土相似。但其标志符号不同,是用 M 表示。它的等级分为 M0.4、M1、M2.5、M5、M7.5、M10、M15 等。它的含义是表示 70×70×70 砂浆试块立方体上每平方毫米面积上可以承受多少牛顿的压力。

(7)砖的强度则采用 MU 表示。强度等级分为 MU5、MU7.5、MU10、MU15 等。

(8)型钢的符号:图纸上为了说明使用型钢的种类、型号也可用符号表示。

①工字钢:用 I 表示,如果它的高度为 30cm,那么就表示成 I30#。

②槽钢:用 [表示,如果它的高度为 24cm,那么就写成 [24#。

③角钢:分为等边和不等边两种。其表示方法为∠及 L,等边的书写时其两边各为 50mm 长时写成 L50,不等边的要将两边的长都写上如 L75×50,同时由于其翼缘厚度不同还得标上厚度,如 L50×5 及 L75×50×6。

④钢板和扁钢:钢板和扁钢用一符号表示,要说明尺寸时,在一符号后注明数字,比如用 20cm 宽、8mm 厚的钢板或扁钢,其表示方法是—200×8。

(9)构件的符号:结构施工图中,构件中的梁,柱、板等,为了书写简便一般用汉语拼音字母代表构件名称,常用的构件代号见表 1-7。

表 1-7　建筑构件代号表

序号	名称	代号	序号	名称	代号	序号	名称	代号
1	板	B	19	圈梁	QL	37	承台	CT
2	屋面板	WB	20	过梁	GL	38	设备基础	SJ
3	空心板	KB	21	联系梁	LL	39	桩	ZH
4	槽形板	CB	22	基础梁	JL	40	挡土墙	DQ
5	折板	ZB	23	楼梯梁	TL	41	地沟	DG
6	密肋板	MB	24	框架梁	KL	42	柱间支撑	ZC
7	楼梯板	TB	25	框支梁	KZL	43	垂直支撑	CC
8	盖板或沟盖板	GB	26	屋面框架梁	WKL	44	水平支撑	SC
9	挡雨板或檐口板	YB	27	檩条	LT]	45	梯	T
10	吊车安全走道板	DB	28	屋架	WJ	46	雨篷	YP
11	墙板	QB	29	托架	TJ	47	阳台	YT
12	天沟板	TGB	30	天窗架	CJ	48	梁垫	LD
13	梁	L	31	框架	KJ	49	预埋件	M—
14	屋面梁	WL	32	钢架	GJ	50	天窗端壁	TD
15	吊车梁	DL	33	支架	ZJ	51	钢筋网	W
16	单轨吊车梁	DDL	34	柱	Z	52	钢筋骨架	G
17	轨道连接	DGL	35	框架柱	KZ	53	基础	J
18	车挡	CD	36	构造柱	GZ	54	暗柱	AZ

　　注:1. 预制钢筋混凝土构件、现浇钢筋混凝土构件、钢构件和木构件,一般可直接采用本附录中的构件代号。在绘图中,当需要区别上述构件的材料种类时,可在构件代号前加注材料代号,并在图纸中加以说明。

　　2. 预应力钢筋混凝土构件代号,应在构件代号前加注"Y—",如 Y—DL 表示预应力钢筋混凝土吊车梁。

（10）门窗的代号：建筑施工图上门窗除了在图上表示出其位置外，还要用符号表示门、窗的型号。因为门、窗的图纸基本上采用设计好的标准图集。门、窗又分为钢质、木质等不同材料组成，因此表示木门时用"M××"韵符号，表示木窗时用"C××"符号；表示钢门用"GM××"符号，表示钢窗用"GC××"符号。为了具体说明这些符号的用法，下面借用某设计院编制的木门窗标准图作为说明，见表1-8和表1-9。

表 1-8　常用木门代号及类别

代　号	门　类　别	代　号	门　类　别
M1	纤维板面板门	M9	推拉木大门
M2	玻璃门	M10	变电室门
M3	玻璃门带纱	M11	隔音门
M4	弹簧中小学专用镶板门	M12	冷藏门
M5	拼板门	M13	机房门
M6	壁橱门	M14	浴、厕隔断门
M7	平开木大门	M15	围墙大门
M8		Y	表示阳处门联窗符号

表 1-9　常用木窗代号及类别

代　号	窗　类　别	代　号	窗　类　别
C	代表外开窗，一玻一纱	C7	立转窗纱窗
NC	代表内开窗一玻一纱	C8	推拉窗
C1	1号代表仅一玻无纱	C9	提升窗
C5	代表固定窗	C10	橱窗
C6	代表立转窗		

注：右下角代号表示类别，各地有所不同，应注意图纸说明及标注。

门的代号除右边用数字表明类别外，为了看图时便于了解它的尺寸，在 M 符号前面还标出数字说明该门应留的洞口尺寸。其标法如下：

洞口宽度 ⌐　　⌐ 洞口高度

X　X　M　X

门代号 ↰　　↱ 门类别

其洞口高度以300及900为模数的缩写数字表示，只要将该数字乘以3即为所选用的洞口宽或高的尺寸。例如39M2，即为3×300＝900为宽，9×300＝2700为高的玻璃门。如果个别洞口不符合3的模式，则用其他数字作代号表示，而不乘300，这要注意在标准图中的说明。

总之木门的表示各地区由于设计部门不同，加工单位不同，采用不同的表示方法，上面所介绍的只是某设计院的木门表示法，但在施工图上都有"M"这个字母表示门,这点是一致的。

窗的代号和门一样,在"C"代号前亦有数字表示尺寸(表示方法同门)。

门、窗的种类除了表 1-8 和表 1-9 所列之处,还有其他的特殊类型,如翻门、翻窗,在材质上还有钢门窗、铝合金门窗、塑钢门窗、玻璃钢门窗等,这在生产工厂的产品说明书都有介绍,可在看图学习中进行全面了解。

(11)其他的代号:在施工图上除了上述介绍的这些符号代号外,还有如螺栓用"M"表示,如用直径 25mm 的螺栓,图上用 M25 表示。在结构图上为了表示梁、板的跨度往往用"L"表示,此外用"H"表示层高或柱高;用"@"表示相等中心的距离;用"φ"表示圆的物体,以上是在结构图中常见的代号。这些在设计图中都会将代号加以说明,只要掌握大量常用的习惯表示方法,就可以方便看图。

第六节 建筑工程施工图上常用的图例

图例是建筑施工图纸上用图形来表示一定含意的一种符号。它具有一定的形象性,使人看了就能体会它所代表的含意。

一、总平面图上的图例

建筑总平面图上常用的图例见表 1-10。

表 1-10 总平面图常用的图例

名　称	图　例	说　明
新建的建筑物	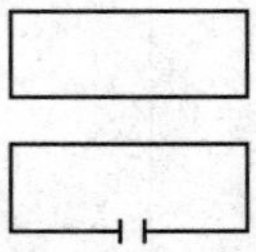	1. 上图为不画出入口图例,下图为画出入口图例 2. 需要时,可在图形内右上角以点数或数字(高层宜用数字)表示层数 3. 用粗实线表示
原有的建筑物		1. 应注明拟利用者 2. 用细实线表示
计划扩建的预留地或建筑物		用中虚线表示
拆除的建筑物	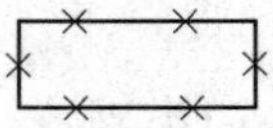	用细实线表示
新建的地下建筑物或构筑物		用粗虚线表示
漏斗式贮仓		左、右图为底卸式,中图为侧卸式
散状材料露天堆场	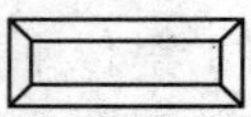	需要时可注明材料名称

续表 1-10

名　称	图　例	说　明
铺砌场地	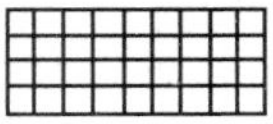	
水塔、贮藏	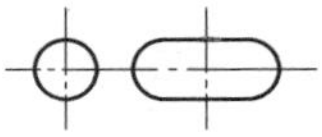	左图为水塔或立式贮罐右图为卧式贮藏
烟囱	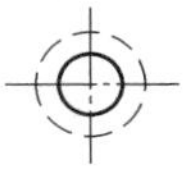	实线为烟囱下部直径,虚线为基础必要时可注写烟囱高度和上、下口直径
围墙及大门	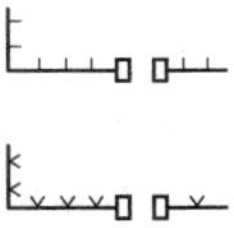	上图为砖石、混凝土或金属材料的围墙 下图为镀锌铁丝网、篱笆等围墙 如仅表示围墙时不画大门
坐标	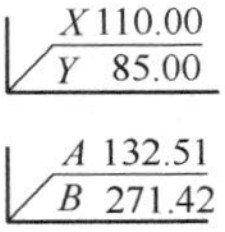 X 110.00 Y 85.00 A 132.51 B 271.42	上图表示测量坐标 下图表示施工坐标
雨水井		
消火栓井		
室内标高	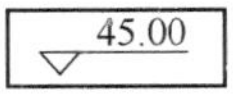 45.00	
室外标高	 80.00	
原有道路	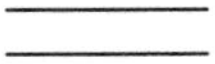	
计划扩建道路		
桥梁	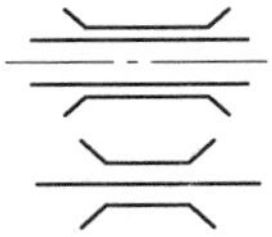	1. 上图为公路桥,下图为铁路桥 2. 用于旱桥时应说明

二、建筑材料图例

表示常用建筑材料的图例见表 1-11。

表 1-11 常用建筑材料的图例

名 称	图 例	说 明
自然土壤		包括各种自然土壤
夯实土壤		
砂、灰土		靠近轮廓线点较密的点
天然石材		包括岩层、砌体、铺地、贴面等材料
混凝土		1. 本图例仅适用于能承重的混凝土及钢筋混凝土
钢筋混凝土		2. 包括各种强度等级、骨料、添加剂的混凝土 3. 在剖面图上画出钢筋时，不画图例线 4. 断面较窄，不易画出图例线时，可涂黑
多孔材料		包括水泥珍珠岩、沥青珍珠岩、泡沫混凝土、非承重加气混凝土、泡沫塑料、软木等
石膏板		
金属		1. 包括各种金属 2. 图形小时，可涂黑
玻璃		包括平板玻璃、磨砂玻璃、夹丝玻璃、钢化玻璃等
防水材料		构造层次多或比例较大时，采用上面图例
粉刷		本图例点以较稀的点
毛石		
普通砖		1. 包括砌体、砌块 2. 断面较窄，不易画出图例线时，可涂红
耐火砖		包括耐酸砖等
空心砖		包括各种多孔砖
饰面砖		包括铺地砖、马赛克、陶瓷锦砖、人造大理石等

三、建筑构件及配件图例

表示建筑构造及配件的图例见表 1-12。

表 1-12 建筑构造及配件的图例

名 称	图 例	说 明
土墙		包括土筑墙、土坯墙、三合土墙等
隔断	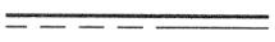	1. 包括板条抹灰、木制、石膏板、金属材料等隔断 2. 适用于到顶与不到顶隔断
栏杆		
楼梯	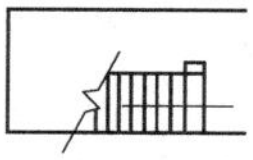	1. 上图为底层楼梯平面,中图为中间层楼梯平面,下图为顶层楼梯平面 2. 楼梯的形式及步数应按实际情况绘制
检查孔		右图为可见检查孔 左图为不可见检查孔
孔洞		
墙预留洞	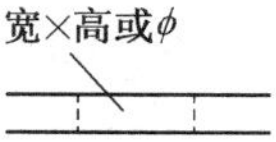 宽×高或ϕ	
墙预留槽	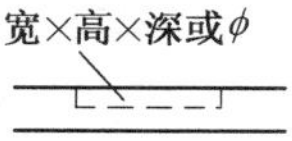 宽×高×深或ϕ	
空门洞	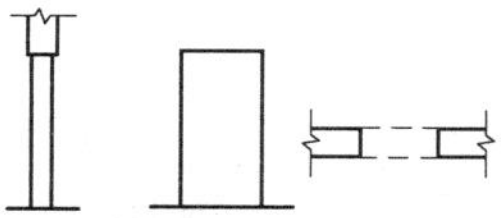	
单扇门(包括平开或单面弹簧)	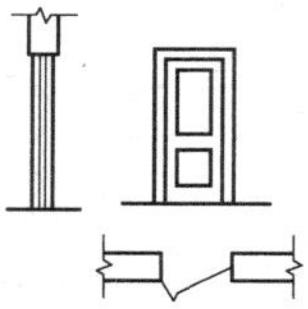	1. 门的名称代号用 M 表示 2. 剖面图上左为外、右为内,平面图上下为外、上为内 3. 立面图上开启方向线交角的一侧为安装合页的一侧,实线为外开,虚线为内开 4. 平面图上的开启弧线及立面图上的开启方向线,在一般设计图上不需表示,仅在制作图上表示 5. 立面形式应按实际情况绘制
双扇门(包括平开或单面弹簧)	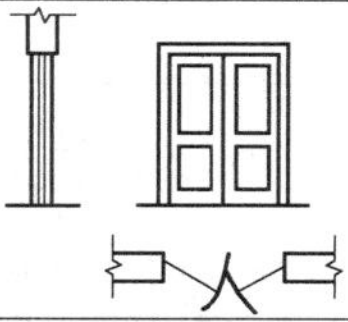	

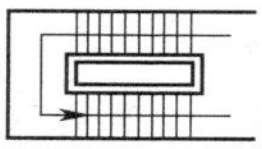

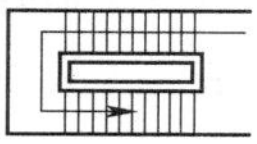

续表 1-12

名　称	图　例	说　明
烟道	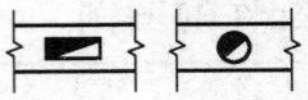	
通风道	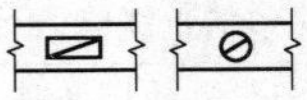	
单层固定窗	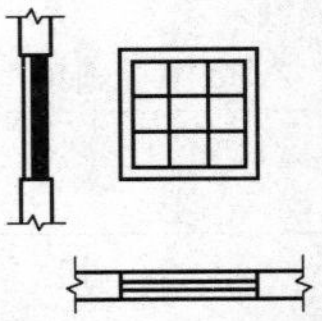	1. 窗的名称代号用 C 表示 2. 立面图中的斜线表示图的开关方向,实线为外开,虚线为内开;开启方向线交角的一侧为安装合页的一侧,一般设计图中可不表示 3. 剖面图上左为外、右为内,平面图上下为外,上为内 4. 平、剖面图上的虚线仅说明开关方式,在设计图中不需表示 5. 窗的立面形式应按实际情况绘制
单层外开平开窗	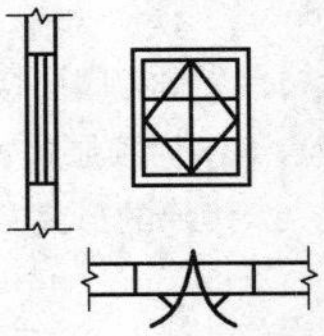	

四、运输装置图例

表示水平及垂直运输装置的图例见表 1-13。

表 1-13　水平及垂直运输装置的图例

名　称	图　例	说　明
铁路	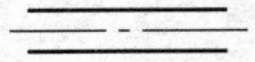	本图例适用标准轨距使用时注明轨距
起重机轨道	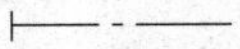	
电动葫芦	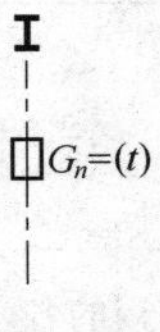 $G_n=(t)$	上图表示立面 下图表示平面 G_n 表示起重量以吨(t)计算
桥式起重机	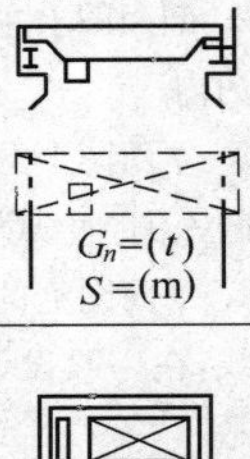 $G_n=(t)$ $S=(m)$	G_n 表示起重量,以吨(t)计算 S 表示跨度,以米(m)计算
电梯		电梯应注明类型 门和平衡锤的位置应 按实际情况绘制

五、卫生器具及水池图例

表示卫生器具及水池的图例见表1-14。

表1-14 卫生器具及水池的图例

名　称	图　例	说　明	名　称	图　例	说　明
水盆水池		用于一张图内只有一种水盆或水池	坐式大便器	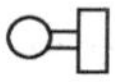	
洗脸盆			小便槽		
浴盆	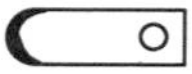		沐浴喷头		
化验盆洗涤盆	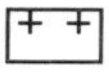		圆形地漏		
盥洗槽	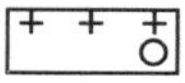		雨水口		
污水池			阀门井、检查井		
立式小便器	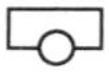		水表井		
蹲式大便器	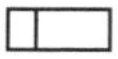		矩形化粪池	 HC	HC 为化粪池代号

六、钢筋焊接头标注

钢筋焊接头标标注方法见表1-15。

表1-15 钢筋焊接头标注方法

序号	名　称	接头形式	标注方法
1	单面焊接的钢筋接头		
2	双面焊接的钢筋接头		
3	用帮条单面焊接的钢筋接头	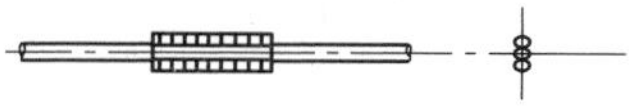	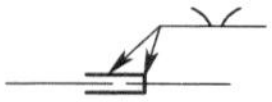
4	用帮条双面焊接的钢筋接头	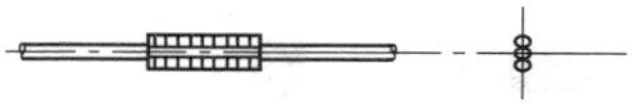	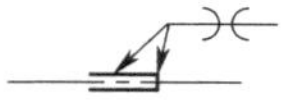
5	接触对焊的钢筋接头（闪光焊、压力焊）		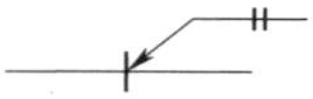
6	坡口平焊的钢筋接头	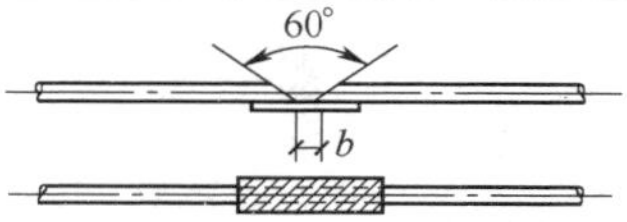	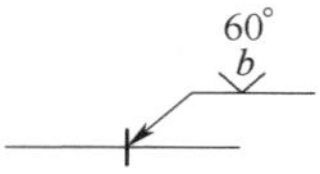

续表 1-15

序号	名　称	接头形式	标注方法
7	坡口立焊的钢筋接头	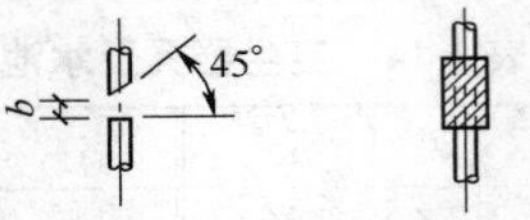	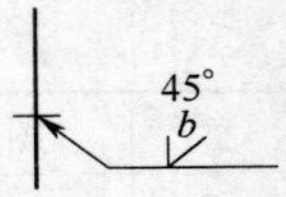
8	用角钢或扁钢做连接板焊接的钢筋接头	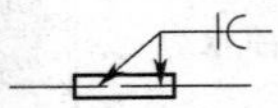	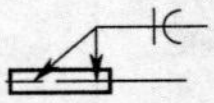
9	钢筋或螺（锚）栓与钢板穿孔塞焊的接头	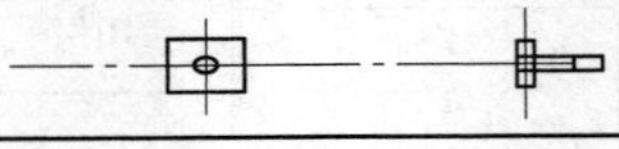	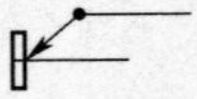

七、钢结构中应用的图例

钢结构中实用的有关图例见表 1-16～表 1-18。

表 1-16　螺栓、孔、电焊、铆钉标注图例

序号	名　称	图　例	说　明
1	永久螺栓	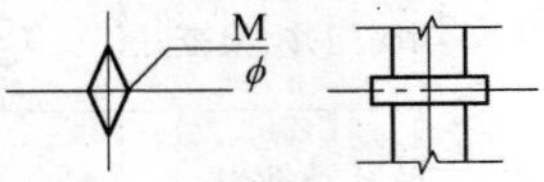	
2	高强螺栓	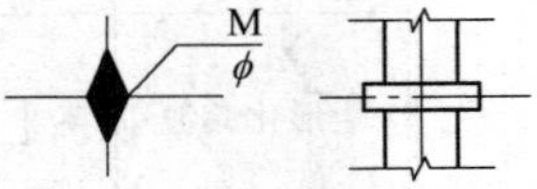	
3	安装螺栓	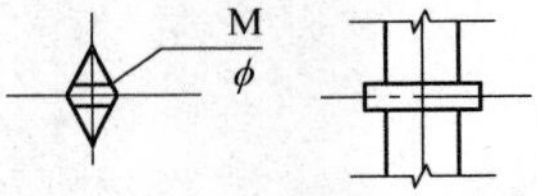	1. 细"＋"线表示定位线
4	胀锚螺栓	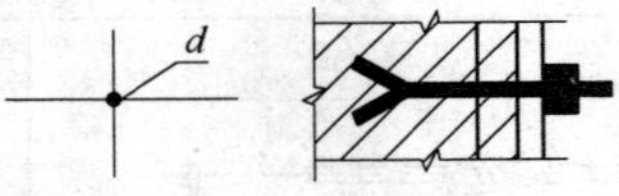	2. M 表示螺栓型号 3. ϕ 表示螺栓孔直径 4. d 表示膨胀螺栓、电焊铆钉直径
5	圆形螺栓孔	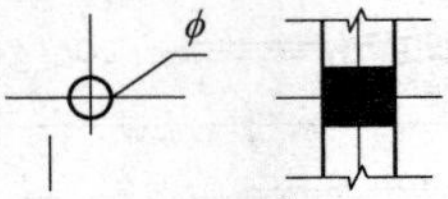	5. 采用引出线标注螺栓时,横线上标注螺栓规格,横线下标注螺栓孔直径
6	长圆形螺栓孔	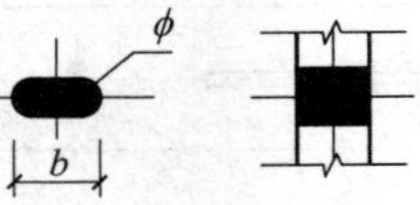	
7	电焊铆钉	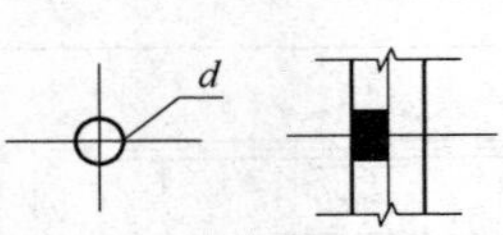	

表 1-17 钢结构焊缝图形符号

焊缝名称	示意图	图形符号
V 形	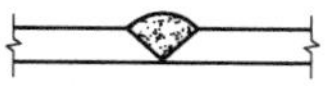	$\vee$
V 形（带根）		$\curlyvee$
不对称 V 形（带根）	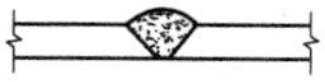	$\downY$
单边 V 形		$\vee$
单边 V 形（带根）		$\vee$
I 形		$\parallel$
贴角焊	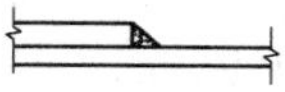	$\triangleright$
塞焊		$\smile$

表 1-18 焊缝的辅助符号

符号名称	辅助符号	标志方法	示意图
相同焊缝	○		
安装焊缝	ㄱ	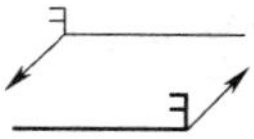	
三面焊缝	⊏	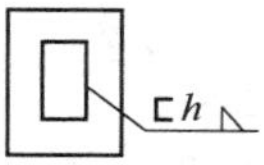 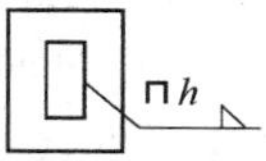 $\sqsubset h$	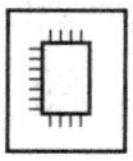 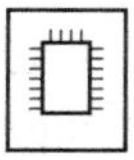
	⊓	$\sqcap h$	
周围焊缝	□	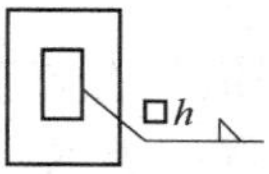 $\square h$	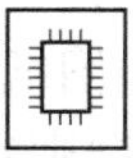
断续焊缝	I	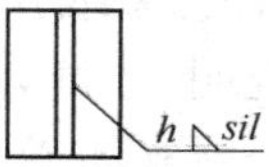 $h \setminus s \, l$	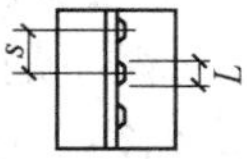 $\overset{S}{\longmapsto} \quad L$

第七节 建筑工程施工图的识读方法和步骤

一、识读建筑施工图的方法

自学看懂施工图纸必须先掌握看图的方法。如果把一叠图纸展开后,在未掌握识读施工图方法时,往往会抓不住要点,分不清主次,其结果必然是难于看懂施工图。实践证明,识图的方法一般是先要弄清是什么图纸,根据图纸的特点来看。识图经验的顺口溜说:"从上往下看、从左向右看、由外向里看、由大到小看、由粗到细看,图样与说明对照看,建施与结施结合看"。必要时还要把设备施工图拿来对照看,这样看图才能收到较好的效果。

由于图面上的各种线条纵横交错,各种图例、符号密密麻麻,对初学看图者来说,开始时必须仔细认真,并要花费较长的时间,才能把图看懂。本书为了使读者能较快获得看懂图纸的效果,特在举例的图上绘制成一种帮助读者看懂图意的工具符号,给这个工具符号起名,叫作"识图箭",它由箭头和箭杆两部分组成,箭头是涂黑的带鱼尾状的等腰三角形,箭杆是由直线组成,箭头所指的图位,即是箭杆上文字说明所要解释的部位,起到说明图意内容的作用。这个"识图箭"所起的作用,就是为帮助初学识图者,迅速看懂图纸的一种辅助措施。

本书自第二章起,各章的插图,均绘有"识图箭",如图1-50 所示插图中所采用的三种"识图箭"的形式,供读者在看图时加以识别。

看图时应注意,"识图箭"与图纸上的引出线是有区别的。"识图箭"所指处端头均绘有黑色箭头,是本书增绘在图纸上的一个工具符号;而"引出线"的直线端头点无箭头,是原有图纸中的一个制图符号。

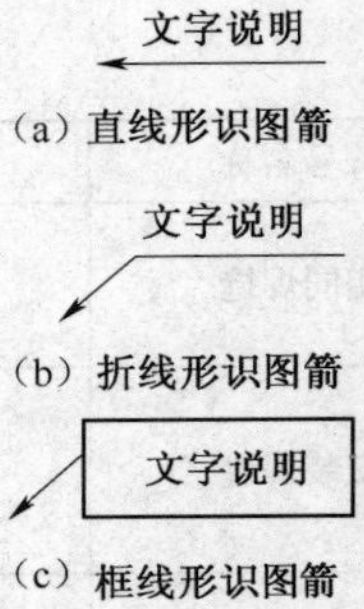

文字说明

(a) 直线形识图箭

文字说明

(b) 折线形识图箭

文字说明

(c) 框线形识图箭

图 1-50 识图箭的形式

二、看图的步骤

一般的看图步骤如下:

(1)图纸拿来之后,应先把目录看一遍。了解是什么类型的建筑,是工业厂房还是民用建筑,建筑面积多大,是单层、多层还是高层,是哪个建设单位,哪个设计单位,图纸共有多少张等。这样对这份图纸的建筑类型就能够有初步的了解。

(2)按照图纸目录检查各类图纸是否齐全,图纸编号与图名是否符合;如采用相配套的标准图则要了解标准图是哪一类的,图集的编号和编制的单位,要把它们准备好存放在手边以便随时可以查看。图纸齐全后就可以按图纸顺序看图了。

(3)看图程序是先看设计总说明,了解建筑概况,技术要求等,然后看图。一般按目录的排列往下逐张看图,如先看建筑总平面图,了解建筑物的地理位置、高程、坐标、朝向,以及与建筑有关的一些情况。如果是一个施工技术人员,那么他看了建筑总平面之后,就得进一步考虑施工时如何进行平面布置等设想。

(4)看完建筑总平面图之后,则先看建筑施工图中的建筑平面图,了解房屋的长度、宽度、轴线尺寸、开间大小、一般布局等。再看立面图和剖面图,从而达到对整栋建筑物有一个总体的了解。最好是通过看平、立、剖面图之后,能在脑子中形成整栋房屋的立体形象,能想象出它的规模和轮廓。这就需要通过自己的生产实践经历和想象能力来锻炼提高。

(5)在对建筑图有了总体了解之后,我们可以从基础图开始一步步地深入看图。从基础的类型、挖土的深度、基础尺寸、构造、轴线位置等开始仔细地阅读。按基础—结构—建筑(包括详图)这个施工顺序看图,遇到问题还要记下来,以便在继续看图中得到解决,或到设计交底时提出。在看基础图时,还必须结合看地质勘探图,了解土质情况以便施工时核对土质构造。

(6)在图纸全部看完之后,可按不同工种有关的施工部分,将图纸再细读,如砌砖工序要了解墙的厚度、高度;门、窗口大小,清水墙还是混水墙,窗口有没有出檐,用什么过梁等。木工工序就应关心哪儿要支模板,如现浇钢筋混凝土梁、柱就要了解梁、柱断面尺寸、标高、长度、高度等;除结构之外木工工序还要了解门窗的编号、数量、类型和建筑上有关的木装修图纸。钢筋工序则凡是有钢筋的地方,都要看细,经过翻样才能配料和绑扎。其他工序都可以从图纸中看到施工需要的部分。除了会看图之外,通过锻炼,有了一定经验,还要考虑按图纸的技术要求,如何保证各工序的衔接以及工程质量和安全作业等。

(7)随着生产实践经验的增长和看图知识的积累,在看图中间还应该对照建筑图与结构图看看有无矛盾,构造上能否施工,支模时标高与砌砖高度能不能对接(俗称能不能交圈)等。

通过看图纸,详细了解要施工的建筑物,在必要时边看图边做笔记,记下关键的内容,以便忘记时可以备查。这些关键的内容包括是轴线尺寸、开间尺寸、层高、楼高、主要梁、柱截面尺寸、长度、高度、混凝土强度等级以及砂浆强度等级等。当然在施工中不是一次看图就能将建筑物全部记住,还要结合每个工序再仔细看与施工时有关的部分图纸。总之,能做到按图施工无差错,才算把图纸看懂了。

在看图中,如能把一张平面上的图形,看成为一栋带有立体感的建筑形象,那就必须具有了一定的看图水平了。这中间需要经验,也需要具有空间概念和想象力的锻炼。当然这不是一朝一夕所能具备的,而是要通过积累、实践、总结,才能取得的。只要认真刻苦的自学具备了看图的初步知识,又能虚心求教,循序渐进,达到会看图纸,看懂图纸也是可以办到的。

第二章　总平面图和建筑施工图

第一节　识读建筑总平面图

一、什么是总平面图

建筑总平面图是表明所需建设的建筑物所在位置的平面状况的布置图。其中有的布置一组建筑群,有的仅是几栋建筑物,有的或许只有一、两座要建的房屋。这些建筑物可以在一个广阔的区域中,也可以在已建成的建筑群之中;有的在平地,有的在山陵地段,有的在城市,有的在乡村,情形各不相同。因此,建筑总平面图根据具体条件和情况的不同其布置亦各异。近几年来,各地的开发区,由于规模较大,其所绘制的建筑总平面图,往往要用很多张图纸拼起来才行。

建筑群总平面图的绘制,建筑群位置的确定,是由城市规划部门先把用地范围规定下来后,设计部门才能在他们规定的区域内布置建筑总平面。当在城市中布置需建房屋的总平面图时,一般以城市道路中心线为基准,再由它向需建设房屋的一面定出一条该建筑物或建筑群的"红线"(所谓"红线"就是限制建筑物的界限线),从而确定建筑物的边界位置,然后设计人员再以它为基准,设计布置这群建筑的相对位置,绘制出建筑总平面布置图。

若仅为单独一栋房屋,又在城市交通干道附近,那么它一定更要受"红线"的控制。如果它在原有建筑群中建造,那么它要受原有房屋的限制,如两栋房屋在同一朝向时,要考虑日照,那么其前后间相隔的距离,应为前面房屋高度的 1.1 倍以上(纬度越高间距越大,因根据各地的具体情况确定),楼房与楼房之间的侧向(山墙)距离应不小于通道、小路的宽度和防火安全要求的距离,一般不小于 4m。

二、建筑总平面图的用途

为了表示新建房屋的平面轮廓形状和层数、与原有建筑物的相对位置、周围环境以及将要建造的建筑物、道路、绿化等的关系,需在建设基地的地形图上绘制出水平正投影图,即总平面图。它是新建房屋以及设备定位、施工放线的依据,也是水、暖、电、煤气等室外管线设计、施工的依据。

三、建筑总平面图中的常用图例

由于总平面图表示的范围较大,因此采用的比例较小,如 1：500,1：1000 等;使用的图例符号较多。

《总图制图标准》(GB/T 50103-2010)中,分别列出了总平面图例、道路与铁路图例、管线与绿化图例。表 2-1 中摘录了部分常用图例。对于标准中未规定图例,可自行设定,并在图上予以说明。

表 2-1　总平面图常用图例(部分)

名　　称	图　　例	备　　注
新建建筑物	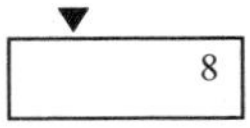 ▼ 8	(1)需要时,可用▼表示出入口,可在图形内右上角用点或数字表示层数 (2)建筑物外形用粗实线表示
原有建筑物	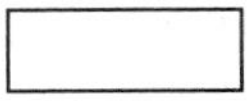	用细实线表示
计划扩建的预留地或建筑物		用中粗虚线表示
拆除的建筑物	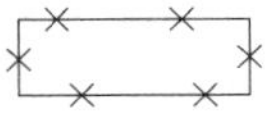	用细实线表示
填挖边坡	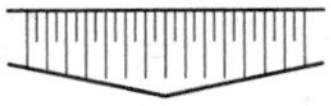	(1)边坡较长时,可在一端或两端局部表示 (2)下边线为虚线时表示填方
护坡	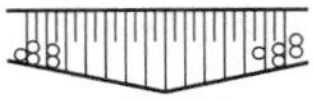	
室内标高	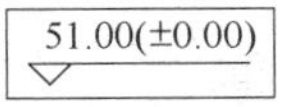 51.00(±0.00) ▽	
新建的道路	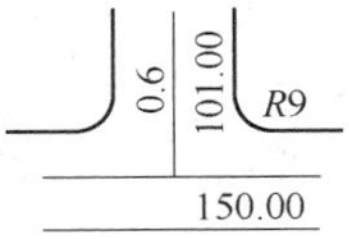 0.6　101.00　R9 150.00	"R9"表示道路转弯半径为9m,"150.00"为路面中心控制点标高,"0.6"表示0.6%的纵向坡度,"101.00"表示变坡点间距离
原有道路		
计划扩建的道路		
围墙及大门		上图为实体性质的围墙,下图为通透性质的围墙,仅表示围墙时不画大门
坐标	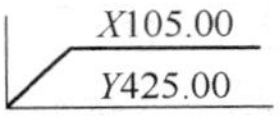 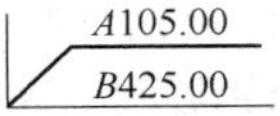 X105.00 Y425.00 A105.00 B425.00	上图表示测量坐标,下图表示建筑坐标
室外标高	▼143.00 ●143.00	室外标高也可采用等高线表示

四、建筑总平面图的主要内容

建筑总平面图如图 2-1 所示一般包括以下内容：

（1）图名、比例。

（2）建设地段的地形、地貌；新建建筑物、原有建筑物、拟建建筑物等的总体布局及绿化、挡土墙等。

（3）新建建筑物的占地大小及其与原有建筑物的相对位置关系。

（4）新建建筑物的层数、室内底层主要地面及室外地坪的标高。

（5）其他。如表示建筑物朝向的指北针或带有指北针的风向频率玫瑰图；测量坐标、施工坐标；自行设定的图例说明等。

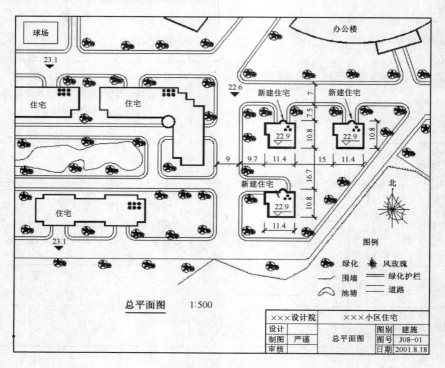

图 2-1　建筑总平面

五、坐标网格

为了确定新建建筑物的具体位置，可根据已有建筑物或道路定位，也可根据坐标网格定位，坐标网格应以细实线表示。测量坐标网应画成交叉十字线，坐标代号宜用"X，Y"表示；建筑坐标网应画成网格通线，坐标代号宜用"A，B"表示，如图 2-2 所示，A 轴相当于测量坐标网中的 X 轴，B 轴相当于测量坐标网中的 Y 轴。

总平面图中同时有两种坐标系统时，应注明两者的换算公式。表示建筑物、构筑物位置的坐标，宜注其三个角的坐标，若建筑物、构筑物与坐标轴线平行，可注其对角坐标。

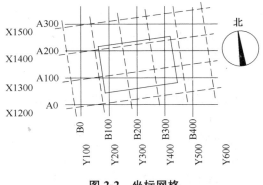

图 2-2　坐标网格

六、识读建筑总平面图的一般方法和步骤

(1)看图名、比例及相关的文字说明。对图纸做概括了解。

(2)看新建建筑物在规划用地范围内的平面布置情况。了解新建建筑物的位置及平面轮廓形状与层数,道路、绿化、地形等情况。

(3)看指北针及风向频率玫瑰图。明确新建建筑物的朝向和该地区的全年风向。

七、识读实例

1. 实例一

怎样看总平面图和应记住些什么,现以图 2-1 为例来进行介绍。

(1)先看新建的房屋的具体位置,外围尺寸,从图中可看到共有三栋房屋是用粗实线画的,表示这三栋房屋是新设计的建筑物,均为新建住宅楼,层数为三层,建筑外轮廓尺寸为 11.4 米×10.8 米,其中两栋南北间距为 16.7 米,两栋东西山墙间距为 15 米。

(2)再看这些房屋首层室内地面的±0.000 标高是相当于多少绝对标高。这就是测量水平标高,为引进水准点时提供了具体数值。

(3)看房屋的坐向,从图 2-1 可以看出新建房屋均为坐北朝南的方位。并从风玫瑰图上看得知道该地区全年风量以西北风最多,这样可以为安排施工时考虑到这一因素。

(4)看与房屋建筑有关的事项。如建成后房屋周围的道路,现有市内水源干线,下水管道干线,电源可引入的电杆位置等(该图上除道路外均没有标出,这里是泛指)。如现在图上还有河流、桥梁、绿化需拆除的房屋等的标志,因此这些都是在看总平面图后应有所了解的内容。

(5)最后如果从施工安排角度出发,还应看旧建筑相距是否太近,在施工时对居民的安全是否有保证,河流是否太近土方护坡牢固否,以及如何划出施工区域等作为施工技术人员就应该构思出的一张施工总平面布置图的轮廓。

如果从以上五点能把总平面图看明白,那么也就基本上是能看懂总平面图了。

2. 实例二

如图 2-3 所示为某单位一小范围总平面图,绘图比例为 1∶500,由文字说明可知新建住宅楼按原有球类房的西墙面定位。由风向频率玫瑰图可知,该地区全年风向主要为西北风,其次为东南风,而夏季则以东南风居多。分析全图可知该住宅楼位于单位最南侧,其北墙距球类房南墙面为 36.5 米(2.00 米+3.50 米+31.00 米),另外三个墙面距单位三面围墙的距离分别为:西墙距西围墙 3.00 米,南墙距南围墙 4.20 米,东墙距东围墙 3.00 米。由平面轮廓及尺寸标注可知该住宅楼东西对称,楼门口朝向正北,四层;东西方向总长为 15.54 米,南北方向总宽为 11.34 米;一层室内主要地面绝对标高为 4.50 米,室外绝对标高为 3.90 米;在该住宅楼四周均有道路,通向单位其他去处的主要道路距西围墙 1.00 米(绿化带),路宽 3.50 米,沿各面围墙均有绿化,球类房及计划扩建宿舍周围也都有草坪和常绿阔叶灌木的绿化。

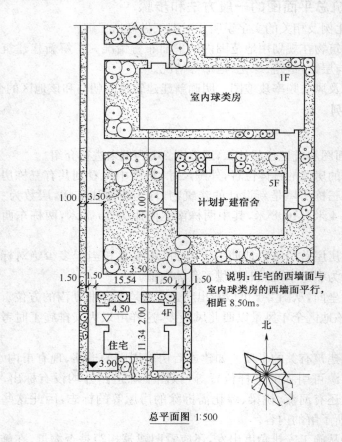

总平面图 1:500

图 2-3 总平面图(实例二)

3. 实例三

如图 2-4 所示为某单位的总平面图,表示范围较大,绘图比例为 1∶1000;由文字

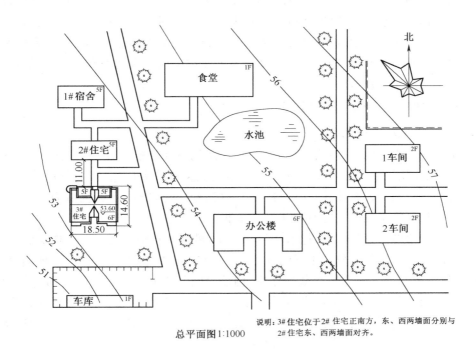

总平面图1:1000

说明:3#住宅位于2#住宅正南方,东、西两墙面分别与
2#住宅东、西两墙面对齐。

图 2-4 平面图(实例三)

说明可知新建 3#住宅按原有 2#住宅定位,东西两墙面分别与 2#住宅的东西两墙面对齐,北墙面到 2#住宅南墙面的距离为 11.00 米。由平面轮廓及尺寸标注可知 3#住宅为六层双坡屋面,北面为五层上人屋面(也称露台),南北各有一气窗(也称老虎窗);东西方向总长为 18.50 米,南北方向总宽为 14.60 米,东西基本对称,楼门口朝向正北;由等高线可看出该处地势由西南向东北逐渐升高,中部比较平坦(等高线稀疏),西南角处坡度较大(等高线密集),3#住宅所在处地势较为平坦,其一层室内主要地面的绝对标高为 53.60 米,在东北角处设有挡土墙。由风向频率玫瑰图可知,该地区主要风向为西北方向,从图中还可看出,需新修两条道路,分别通往 2#住宅及东面原有道路;另外,还可看出原有建筑物、道路及绿化等情况。

第二节 识读建筑施工图

建筑施工图是房屋建筑的施工图纸中关于建筑部分的施工图。在图纸目录中把这部分图在图号栏中标为"建施××"。这类图纸主要是表明建筑物内部的布置、各部分尺寸及外部的装饰。以及施工需用的材料和施工要求的图样。总之,这类图纸只表示建筑上的构造,非结构性承重墙需要的构造。有时为了节省图纸,在混合结构的建筑施工图纸中,建筑图和结构图是不能决然分开的。如砖墙的厚度、高度和轴线结构与建筑是一致的,所以为了减少图纸数量两者就可以二合为一而用。建筑施工图主要用来作为放线、装饰的依据。它分为建筑平面图、立面图、剖面图和详图(包括标准图)。此外,按建筑类型又分为工业和民用建筑两大类。因此又有工业建筑施工图和民用建筑施工图之区分。

一、建筑施工图的基本知识

1. 房屋的类型及构造

房屋是供人们生活、生产、学习、工作、娱乐的场所。按其使用功能一般分为民用建筑、工业建筑和农业建筑三大类。民用建筑又可分为住宅、宿舍等居住建筑和商场、医院、车站等公共建筑;工业建筑指厂房、仓库等;农业建筑包括饲养场、粮仓等。各类建筑施工图的表达原理和方法基本相同。

从构造角度讲,房屋主要包括基础、墙、柱、梁、地面、楼板层、屋顶、楼梯、门窗等基本组成部分。这些部分处于不同位置,起着不同作用,基础、墙、柱、梁、地面、楼板层、屋顶等起着承重和传递荷载的作用;内墙、楼板层还起着分隔房屋空间的作用;外墙、屋顶起围护作用及抵御风霜雨雪、保温隔热等作用;楼梯、门起交通联系作用;窗主要起采光通风作用。另外,房屋还有阳台、台阶、雨篷、雨水管、散水等附属部分及其他构配件。

如图 2-5 所示,为一幢一梯两户对称的平屋面四层住宅楼的轴测剖切示意图。该住宅楼由砖墙和钢筋混凝土构件组成,属于混合结构,从图中可看出其组成及构配件情况。

2. 建筑施工图的用途和分类

建筑施工图是表示建筑物在规划用地范围内的总体布局,建筑物本身的外部造型、内部布置以及细部构造和施工要求等的图样,是进行建筑施工的主要技术依据。

根据表示内容的不同,建筑施工图一般分为总平面图、建筑平面图、建筑立面图、建筑剖面图和建筑详图。

3. 建筑施工图的表示方法

前面已经提到绘制和识读建筑工程图应遵循《房屋建筑制图统一标准》(GB/T 50001-2010)。此外,在绘制和识读总平面图时,还应遵循《总图制图标准》(GB/T 50103-2010);绘制和识读建筑平面图、立面图、剖面图和详图时,还应遵循《建筑制图标准》(GB/T 50104-2010)。

(1)图线。图线的宽度 b,应根据图样的复杂程度和比例,按《房屋建筑制图统一标准》中图线的有关规定选用。

建筑施工图中采用的图线,应符合《建筑制图标准》的规定,这里作了部分摘录见表 2-2。

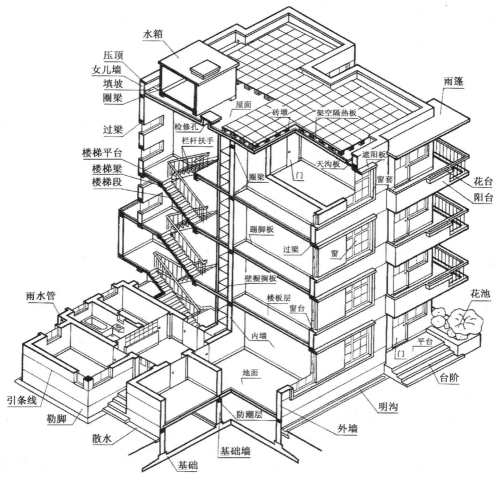

图 2-5　住宅楼轴测剖切示意图

表 2-2　建筑施工图中常用图线(摘录)

名称	线型	线宽	用　　途
粗实线	——————	b	平面、剖视图中被剖切的主要建筑构造(包括构配件)的轮廓线 建筑立面图或室内立面图的外轮廓线 建筑构造详图中被剖切的主要部分的轮廓线 建筑构配件详图中构配件的外轮廓线 平、立、剖面的剖切符号
中粗实线	——————	$0.5b$	平面、剖视图中被剖切的次要建筑构造(包括构配件)的轮廓线 建筑平面、立面、剖视图中建筑构配件的轮廓线 建筑构造详图及建筑构配件详图中的一般轮廓线

续表 2-2

名 称	线 型	线 宽	用 途
中实线	——————	0.5b	小于 0.7b 的图形线、尺寸线、尺寸界限、索引符号、标高符号、详图材料做法引出线、粉刷线、保温层线、地面、墙面的高差分界线等
细实线	——————	0.25b	图例填充线、家具线、纹样线等
中粗虚线	— — — — —	0.7b	建筑构造及建筑构配件不可见的轮廓线 平面图中的起重机(吊车)轮廓线 拟扩建的建筑物轮廓线
细虚线	— — — — —	0.25b	图例填充线、家具线等

注:地平线的线宽可采用 1.4b。

(2)比例。建筑施工图中的常用比例,见表 2-3。另外,同一建筑物的建筑平面图、立面图和剖面图应尽量采用相同比例。

表 2-3 建筑施工图中的常用比例

图 名	比 例
总平面图、管线综合图、排水图	1:500、1:1000、1:2000
建筑物或构筑物的平面图、立面图、剖视图	1:50、1:100、1:200
建筑物或构筑物的局部放大图	1:10、1:20、1:50
配件及构造详图	1:1、1:2、1:5、1:10、1:20、1:50

(3)构造及配件图例。由于绘制建筑平、立、剖面图时,采用的比例较小,如 1:50、1:100 等,图样中一些构配件应采用《建筑制图标准》规定的图例绘制,这里作了部分摘录见表 2-4。

表 2-4 常用建筑构配件图例

名 称	图 例	名 称	图 例
单扇门	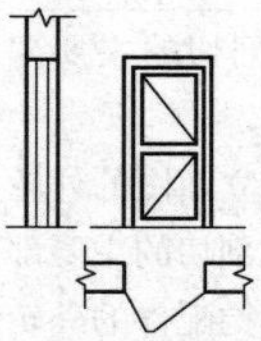	推拉门	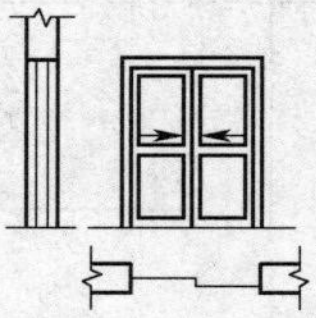
通风道	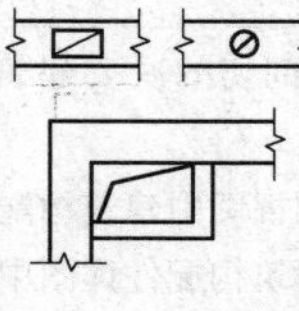	烟道	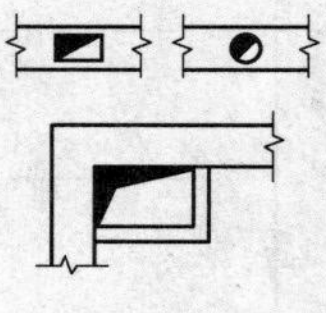

续表 2-4

名　称	图　例	名　称	图　例
固定窗	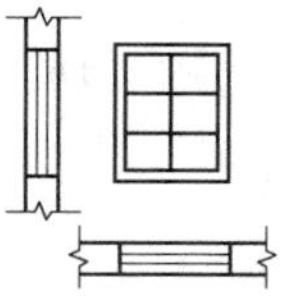	推拉窗	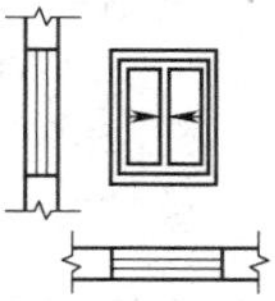
坑槽		孔洞	
坐便器		水池	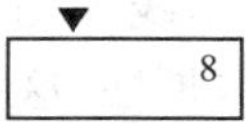
楼梯平面图	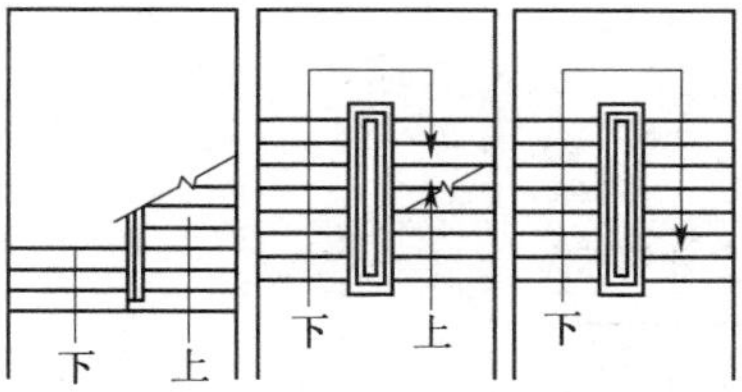 下　上　下　上　下 底层　中间层　顶层		
墙预留洞	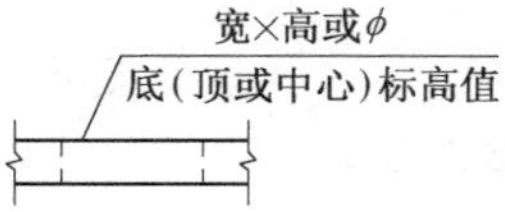 宽×高或 ϕ 底(顶或中心)标高值		

　　(4)标高。标高是标注建筑物高度尺寸的另一种形式。标高符号为用细实线绘制的等腰直角三角形,如图 2-6(a)所示,该三角形高度约为 3mm,L 的长度根据所注标高数字长度适当选取;若标注位置不够,可如图 2-6(b)所示形式标注,并根据需要选取高度 h;总平面图室外地坪标高符号,宜用涂黑的三角形表示,如图 2-6(c)所示;标高符号的尖端应指至被注高度的位置,尖端一般向下,也可向上,标高数字注写在标高符号的左侧或右侧,如图 2-6(d)所示;标高数字应以 m 为单位,注写到小数点以后第三位,在总平面图中可注写到小数点以后第二位;在图样的同一位置需表示几个不同标高时,标高数字可如图 2-6(e)所示的形式注写。

　　标高又分为绝对标高和相对标高。绝对标高以青岛市外黄海海平面平均高度为零点标高。总平面图中标注的标高应为绝对标高。

　　在实际中,为方便施工,常以建筑物底层的室内主要地面高度作为相对零点标高,零点标高应注写成±0.000;比零点标高高的为正数标高,不注"＋";比零点标高

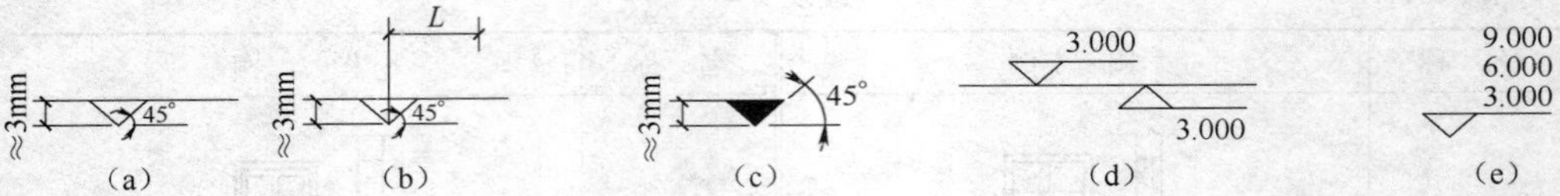

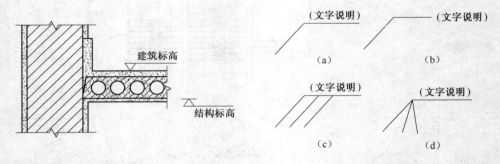

图 2-6 标高符号及注法

低的为负数标高,应注"—",例如 3.000、—0.600。

此外,房屋的标高,还可分为建筑标高和结构标高,如图 2-7 所示。建筑标高指包括装饰材料在内的完成面标高;结构标高指构配件的毛面标高。建筑平、立、剖面图及详图中一般标注建筑标高。

(5)引出线。建筑工程图中,经常遇到需要用文字或符号说明的地方,为了不影响图形的清晰性,这些文字或符号需用引出线引至图形的空白处。引出线可如图 2-8 所示形式,用细实线绘制,其中图 2-8(c)、(d)为同时引出几个相同部分的引出线形式。

图 2-7 建筑标高与结构标高   图 2-8 引出线

多层构造或多层管道共用引出线,应通过被引出的各层,并用圆点示意对应各层次。文字说明宜注写在水平线的上方或端部,说明的顺序应自上至下,并与被说明的层次一致;若层次为横向排序,则自上至下的说明顺序应与自左至右的层次一致,如图 2-9 所示。

二、建筑平面图

建筑平面图就是将房屋用一个假想的水平面,沿窗口(位于窗台稍高一点)的地方水平切开,这个切口下部的图形投影至所切的水平面上,从上往下看到的图形即为该房屋的平面图。设计时,则是设计人员根据业主提出的使用功能,按照规范和设计经验构思绘制来的出房屋建筑的平面图。

建筑平面图包含的内容为:

(1)由外围看可以知道它的外形,总长、总宽以及建筑的面积,像首层的平面图上还绘有散水、台阶、外门、窗的位置,外墙的厚度和轴线标注法,有的还可能有变形缝,外用铁爬梯等图示。

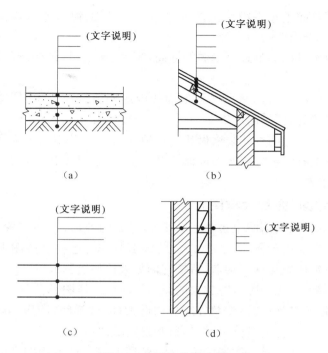

图 2-9 多层构造引出线

（2）往内可以看到图上绘有内墙位置、房间名称、楼梯间、卫生间等布置。

（3）从平面图上还可以了解到开间尺寸、内门窗位置、室内地面标高、门窗型号尺寸以及表明所用详图等符号。

平面图根据房屋的层数不同分为首层平面图，二层平面图，三层平面图等。如果楼层仅与首层不同，那么二层以上的平面图又称为标准层平面图。最后还有屋顶平面图，屋顶平面图是说明屋顶上建筑构造的平面布置和雨水泛水坡度情况的施工图。

三、建筑立面图

建筑立面图是建筑物的各个侧面，向它平行的竖直平面所做的正投影，这种投影得到的侧视图，称为立面图。它分为正立面，背立面和侧立面；有时又按朝向分为南立面、北立面、东立面、西立面等。立面图的内容为：

（1）立面图反映了建筑物的外貌，如外墙上的檐口、门窗套、出檐、阳台、腰线、门窗外形、雨篷、花台、水落管、附墙柱、勒脚、台阶等构造形状；有时还表明外墙的装修做法，是清水墙还是抹灰，抹灰是水泥还是干粘石，还是水刷石，还是贴面砖等。

（2）立面图还标明各层建筑标高、层数，房屋的总高度或突出部分最高点的标高尺寸。有的立面图也在侧边采用竖向尺寸，标注出窗口的高度，层高尺寸等。

四、建筑剖面图

为了了解房屋竖向的内部构造，我们假想一个垂直的平面把房屋切开，移去一

部分,对余下部分向垂直平面作正投影,从而得到的剖视图即为该建筑在某一所切开处的剖面图。剖面图的内容为:

(1)从剖面图可以了解各层楼面的标高,窗台、窗上口、顶棚的高度,以及室内净空尺寸。

(2)剖面图还画出房屋从屋面至地面的内部构造特征。如屋盖的形式、楼板的构造、隔墙的构造、内门的高度等。

(3)剖面图上还注明一些装修做法,楼、地面做法,对其所用材料等加以说明。

(4)剖面图上有时也还标明屋面做法及构造、屋面坡度以及屋顶上的女儿墙、烟囱等构造的情形等。

五、建筑详图(亦称大样图)

从建筑的平、立、剖面图上虽然可以看到房屋的外形、平面布置、内部构造及主要的造型尺寸,但是由于图幅比例太大,局部细节的构造在这些图上不能够明确表示出来,为了清楚地表达这些构造,特把它们放大比例绘制成(如 1:20,1:10、1:5等)较详细的图纸,工程中称这些放大的图为详图或大样图。

详图一般包括:房屋的屋檐及外墙身构造大样,楼梯间,厨房、厕所、阳台、门窗、建筑装饰、雨篷、台阶等的具体尺寸、构造和材料做法。

详图是建筑各部位具体构造的施工依据,所有平、立、剖面图上的具体做法和尺寸均以详图为准,因此详图是建筑图纸中不可缺少的一部分。

六、识读建筑工程施工图的一般方法和步骤

通过在第一章已经对建筑工程施工图的分类及图纸编排有了一个大致的介绍,当拿到一套图纸后,首先应浏览图纸目录,了解图纸的内容、专业类别等;然后阅读设计总说明,从整体上了解工程情况。最后按第一章中所介绍的图纸编排顺序,分别阅读各专业的图纸,并注意各专业间的联系,以读懂整套图纸。在识读过程中,若发现问题或有新的建议,不可擅自修改,应与相关单位专业人员协商解决。以下分别为某住宅楼的图纸目录和设计总说明见表 2-5 和表 2-6。

表 2-5 某住宅楼图纸目录

××设计院
图 纸 目 录

建设单位××房地产开发公司					设计号 01000
工程名称 某单位 3#住宅楼					专业 建筑
序号	图号	图纸名称	序号	图号	图纸名称
1		设计总说明	5	建-4	二、四层平面图
2	建-1	总平面图	6	建-5	六层平面图
3	建-2	地下室平面图	7	建-6	阁楼平面图
4	建-3	一、三、五层平面图	8	建-7	屋顶平面图

续表 2-5

序号	图号	图纸名称	序号	图号	图纸名称
9	建-8	北立面图	26		
10	建-9	南立面图	27		
11	建-10	东立面图	28		
12	建-11	西立面图	29		
13	建-12	楼梯面图	30		
14	建-13	外墙节点详图	31		
15			32		
16			33		
17			34		
18			35		
19			36		
20			37		
21			38		
22			39		
23			40		
24			41		
25			42		

表 2-6　某住宅楼设计总说明

一、工程概况

1. 本工程为××单位提供的设计委托书。

二、设计依据

1. ××单位提供的设计委托书。

2. 民用建筑设计通则(JGJ 37-38);住宅设计规范(GB 50096-1999)(2003 年版);民用建筑节能设计规程 [DB13(J)24-2000]。

三、工程做法(参照 98J 系列标准图集)

1. 墙体:外墙采用 22,外装修主要以面砖为主,一层为浅灰色的石材面砖,六层为白色的面砖,中六为砖红色面砖。内墙采用内 3,为水泥砂浆抹面。

2. 楼地面:楼面层采用现浇钢筋混凝土楼板,厨房、卫生间以外的房间为 10mm 厚地砖楼面,干水泥擦缝;撒素水泥面(洒适量水);20mm 厚 1:4 硬性水泥砂浆结合层;40 厚 C20 细石混凝土垫层(埋设地暖盘管);20mm 厚聚苯板;现浇钢筋混凝土楼板。厨房、卫生间楼面埋设地暖盘管的细石混凝土垫层厚为 50mm,另加 20mm 厚 1:3 水泥砂浆找平层,楼梯间采用楼 1,水泥砂浆楼面。

3. 层面:采用屋 15,保温层采用 60mm 厚聚苯板,放水采用 SBS 防水材料。

4. 顶棚:采用棚 5,抹灰顶棚。

5. 散水:采用散 3,150mm 厚 3:7 灰土垫层;散水宽 800mm。

6. 台阶:采用台 1,300mm 厚 3:7 灰土垫层。

7. 防潮层:采用潮 1。

8. 踢脚:采用踢 2,高 120mm。

四、其他:

1. 尺寸标注:本图中标高以米为单位,其他均以毫米为单位。

2. 本图施工时应与结构、水暖、电气等工种密切联系。

3. 本工程为地板辐射采暖,其埋设的盘管的材料、施工及验收均应严格按照有关标准及规程进行。

4. 所有阳台均采用塑钢封窗,外墙为中空玻璃铜窗,空气层厚度为 12mm。

5. 厨、卫地面做至垫层和防水层(双层);不做面层,其他楼地面粗装,不做面层;且卫生间、厨房均比其他房间低 20mm。

6. 变压式排风道参照 98J—60(一)系列。

7. 首层外窗均加铁护栏 98J—60—2,地下室外窗均加防护栏 98J6—61—2。

8. 本说明未详尽的部分,按有关施工及验收规范进行施工。

七、识读建筑施工图的一般方法和步骤

识读建筑施工图必须在具备了一定的投影知识并对国家标准中的有关规定有了一定认识的前提下进行,而专业知识无疑对识图有着重要的作用。

识读建筑施工图一般可按下述方法步骤进行:

1. 概括了解

通过识读图纸目录,了解整套建筑施工图共有多少张,每张表达的内容是什么,见表 2-5;通过识读设计总说明,了解设计总的要求,见表 2-6。通过浏览整套建筑施工图,大致了解建筑物的地理位置,周围环境,建筑物造型、层数及构造等。

2. 深入识读

按建筑平面图、建筑立面图、建筑剖面图、建筑详图的顺序,仔细阅读每张图纸,深入了解建筑物的各组成部分、节点等的形状、尺寸、构造、材料、工程作法以及施工要求等。

3. 归纳总结

在读懂每一张建筑图纸的基础上,对照分析整套建筑图纸,才能对建筑物的整体情况有一个完整、清晰的认识,必要时,还应阅读其他专业图纸。

八、民用建筑图识读实例

前面已经介绍了建筑施工图中的平面图、立面图、剖面图、详图的内容。下面通过实例叙述如何看懂这些图纸,要看哪些东西,抓住关键,着重在"看"字。

1. 建筑平面图的识读

如图 2-10 所示是一小型住宅楼的底层平面图,作为看图的例子。下面介绍看图的方法。

(1)识读顺序。

①先看图纸的图标,举例虽无表明,但应注意了解图名、设计人员、图号、设计日期、比例等。

②看房屋的朝向、外围尺寸,轴线有几道,轴线间距离尺寸,外门、窗的尺寸和编号,窗间墙宽度,有无砖垛,外墙厚度,散水宽度,台阶大小,雨水管位置等等。

③看房屋内部,房间的用途,地坪标高,内墙位置、厚度,内门、窗的位置、尺寸和编号,有关详图的编号、内容等。

④看剖切线的位置,以便结合剖面图时看图用。

⑤看与安装工程有关的部位、内容,如暖气沟的位置等。

(2)从图 2-10 中可按如下顺序进行识读:

①是小型住宅楼,这张图是该楼的底层平面图,比例为 1:100。

②我们看到该栋楼是朝南的房屋。横向长度从外墙边到边为 10040mm,由横向 4 道轴线组成,轴线间距离①～④轴是 9800mm。横向房屋的总宽度为 9740mm,纵向轴线由Ⓐ、Ⓑ、Ⓒ、Ⓓ4 道组成,其中Ⓐ～Ⓑ轴间距离均为 4400mm,Ⓒ～Ⓓ轴间距离均为 3300mm,Ⓑ～Ⓒ轴为 1800mm。同时还可以从外墙看出墙厚均为 240mm,而且①、④、Ⓐ、Ⓓ这些轴线均为墙的居中位置。

从图中还可看到共有两个外门,正门宽 1200mm。所有外窗宽度均有注写。

③从图内看,进大门即是起居厅,厨房、卧房、卫生间等房间。楼梯间直接对外有出口。内门、窗均有编号、尺寸、位置,从图上还可看出门大多是向室内开启的,仅贮藏室向外开的。高窗下口距离地面为 1.80m。

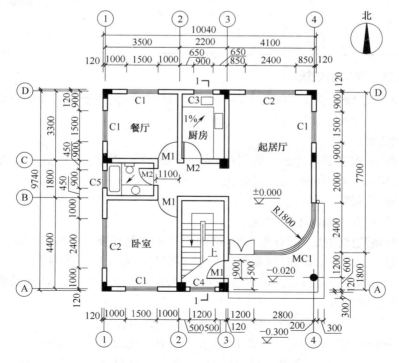

图 2-10　底层平面图

内墙厚度为 240mm，从经验上可以得出它将是承重墙。

厨房卫生间绘制了设备布置情况。

所有室内标高均为±0.000，仅入口门廊地面为−0.020m。

④可以看到平面图上楼梯间处有 1 道剖切线，可以结合剖面图看图。

以上 4 点说明和图中识图箭上的文字说明，结合起来就可以初步看明白这张平面图了。

(3)识读应先抓住什么。看图时应该根据施工顺序抓住主要部位。如应先记住房屋的总长、总宽，几道轴线，轴线间的尺寸，墙厚，门、窗尺寸和编号，门窗还可以列出表，见表 2-7，可以提请加工。其他如楼梯平台标高，踏步走向，以及在砌砖时有关的部分应先看懂，先记住。其次再记下一步施工的有关部分，往往施工的全过程中，一张平面图要看好多次。所以看图纸时先应抓住总体，抓住关键，一步步地看才能把图记住。

表 2-7 门窗数量表(此处仅为首层)

门窗名称	代 号	尺 寸	数 量	备 注
外用双弹簧门	80M4	2500×2700	1 樘	不带纱门
外用双开门	49M2	1200×2700	2 樘	不带纱门
学校专用内门	19M5	1000×2700	16 樘	
木板门	01M1	800×1960	2 樘	用在贮藏室
外开玻璃窗	56C	1500×1800	23 樘	不带纱，两樘为磨砂玻璃
外开玻璃窗	53C	1500×900	9 樘	

2. 建筑立面图的识读

下面采用这幢小型住宅楼的立面图如图 2-11 所示，对照平面图来学习看懂立面图的方法。

(1)识读顺序。

①看图标，先辨明是什么立面图(南或北面、东或西立面)。图 2-11 是该楼的南立面图，相对平面图(图 2-10)看是正立面图。

②看标高、层数、竖向尺寸。

③看门、窗在立面图上的位置。

④看外墙装修做法。如有无出檐，墙面是清水还是抹灰，勒脚高度和装修做法，台阶的立面形式及所示详图，门头雨篷的标高和做法，有无门头详图等。

⑤在立面图上还可以看到雨水管位置，外墙爬梯位置，如超过 60m 长的砖砌房屋还有伸缩缝位置等。

(2)识读立面图，在图 2-11 中可以看到这是一张南立面图。

①该小型住宅楼为三层楼房。每层标高分别为：0.000m、4.200m、7.500m。女儿墙顶为 10.900m，是最高点。竖向尺寸，从室外地坪计起，于图的一侧标出(图上

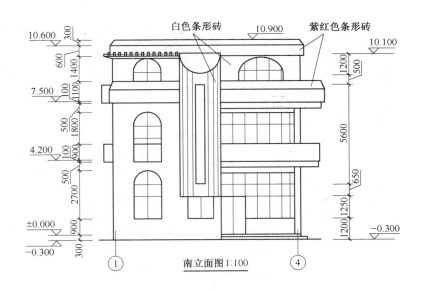

图 2-11　南立面图

可以看到,此处不一一注写了)。

②外门为门联窗形式,外窗为双扇式大窗。首层窗台标高为 0.90m。

③可以看到外墙大部分是面砖墙门头及台阶做法都有详图可以查看。

④可以看出室内外高差为 300mm。

(3)立面图是一幢房屋的立面形象,因此主要应记住它的外形,外形中主要的是标高、门、窗位置,其次要记住装修做法,哪一部分有出檐,或有附墙柱等,哪些部分做抹面,都要分别记牢。此外如附加构造的爬梯、雨水管等的位置,记住后在施工时就可以考虑随施工的进展进行安装。总之立面图是结合平面图说明房屋外形的图纸,图示的重点是外部构造,因此这些仅从平面图上是想象不出的,必须依靠立面图结合起来,才能把房屋的外部构造表达出来。

3. 建筑剖面图的识读

在图 2-10 上绘有一条"1—1"剖面的剖切线。现在就由这个剖切线剖切得到的剖视图绘成一张剖面图,如图 2-12 所示。

(1)民用建筑剖面图的特点我们看到的这栋小型住宅楼是 1 座多层房屋,它的剖面图表示了这栋房屋的内部竖向构造。它每层都以楼板为分界,仿佛成为一个一个的区格;此外剖面图还有 1 个特点是由于剖切线位置不同,其剖面图的图形也就不同。在平面图上可以剖切许多个剖面,用来说明房屋的内部构造。但一般是根据平面的关键部位来进行剖切。1 套图纸大致有 1 至 3 张剖面图就可以说明房屋内部的

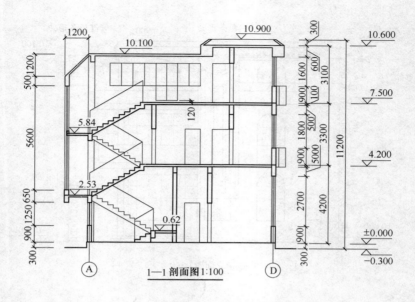

图 2-12   1—1 剖面图

竖向构造了。我们在阅读剖面图时,还应对照平面图一起看,才能对剖面图了解得更清楚。

(2)识读剖面图的顺序。

①看平面图上的剖切位置和剖面编号,对照剖面图上的编号是否与平面图上的剖面编号相同。

②看楼层标高及竖向尺寸,楼板构造形式,外墙及内墙门、窗的标高及竖向尺寸,最高处标高,屋顶的坡度等。

③看外墙突出构造部分的标高,如阳台、雨篷、檐子;墙内构造物中的圈梁、过梁等标高或竖向尺寸。

④看地面、楼面、墙面、屋面的做法,如剖切处可看出室内楼梯的踏步等。

⑤看剖面图上用圆圈划出的地方,以便查对大样图。

(3)剖面图拿来后如何"看"图,和应该记住哪些关键?应按上述的看图程序从底层往上看。用图 2-12 作为看剖面图的例子。从图上可以看到:

①该住宅楼的各层标高为 0.000m、4.200m、7.500m、檐头女儿墙标高为 10.90m。

②结合立面图可以看到门、窗的竖向尺寸,上层窗和下层窗之间的墙高,窗上口为钢筋混凝土过梁,内门的竖向尺寸。

通过看剖面图应记住各层的标高,各部位的材料做法,关键部位尺寸如内高窗的离地高度,墙裙高度。还有外墙竖向尺寸、标高,可以结合立面图一起记就容易记住,这在砌砖施工时很重要。

由于建筑标高和结构标高有所不同,所以楼板面和楼板底的标高必须通过计算才能知道。

从建筑材料做法表(见表2-8)中可以看到楼面做法为楼1,它是在板面上做40厚豆石混凝土一次压光楼面,因此二层楼板面的标高为4.20m减去4cm,为4.16m。楼板底的标高就为4.16m再减去18cm,为3.98m,这也称为板底的结构标高,砌砖和做圈梁的标高就要用它推算出来,经过计算的这些标高也都应该记住。所以看图纸不光是"看",有时还得从图纸上要得到应该知道的数据,对于未标明的尺寸或标高,可在已看懂图纸的基础上,把它计算出来,这也是"看"的时候应该懂得的一个方法。

表 2-8 建筑材料做法表

名 称	做 法 顺 序	名 称	做 法 顺 序
地5	1. 素土夯实基层 2. 100mm厚3:7灰土垫层 3. 70C10混凝土 4. 20mm厚1:2.5水泥砂浆抹面压实赶光	楼1	1. 钢筋混凝土楼板 2. 素水泥浆结合层一道 3. 40mm厚1:2:4豆石混凝土撒1:1水泥砂子压实赶光
		裙2	1. 13mm厚1:3水泥砂浆打底扫毛 2. 5mm厚1:2.5水泥砂浆罩面压实赶光
墙3	1. 13mm厚1:3白灰砂浆打底 2. 3mm厚纸盘白灰膏罩面 3. 喷大白浆		
屋6	1. 钢筋混凝土预制楼板,(平放) 2. 1:8水泥焦碴找2%坡度(0~140)平均厚70mm,压实、找坡 3. 干铺100mm厚加气混凝土块平整,表面扫净 4. 20mm厚1:3水泥砂浆找平层 5. 二毡三油防水层,其上用推铺黏结3~6mm直径的小豆石		

4. 建筑屋顶平面图的识读

屋顶平面图主要是说明屋顶上建筑构造的平面布置,它包括如住宅烟囱位置,浴室、厕所的通风通气孔位置,上屋面的出入孔位置。此外屋顶平面图上还要标志出流水坡度、流水方向、水落管及集水口位置等。不同房屋的屋顶平面图是不相同的。屋顶还分为平屋顶、坡屋顶,有女儿墙,或有前后檐的天沟等不同形式。不同的屋顶形状其流水方式不同,平面布置也不一样,这些都要在看图中根据具体图纸来了解它们的构造方式。

下面还是利用该住宅楼来看图,从而可以了解屋顶平面图的内容。

(1)识读程序。有的屋顶平面图比较简单,往往就绘在顶层平面图的图纸某一角处,单独占用一张图纸的比较少。所以要看屋顶平面图时,需先找一找目录,看它安排在哪些建施图上。

拿到屋顶平面图后,先看它的外围有无女儿墙或天沟,再看排水坡向,雨水出口及型号,再看出人孔位置,附墙的上屋顶铁梯的位置及型号。基本上屋顶平面就是这些内容,总之是比较简单的。

(2)识读屋顶平面图,如图 2-13 所示。

①可看出这是有女儿墙的长方形的屋顶。正中是一条屋脊线,雨水向两檐墙流,在女儿墙下有四个雨水入口,并沿女儿墙有泛水坡流向雨水入口。

②屋面有一出入孔,位于①—②轴线之间。有一上屋顶的铁爬梯,位于西山墙靠近北面处,从侧立面知道铁爬梯中心距离①轴线尺寸为1m。

③可看到标注那些构造的详图标注,如屋顶出入孔的做法,雨水口的做法和铁爬梯位置等。

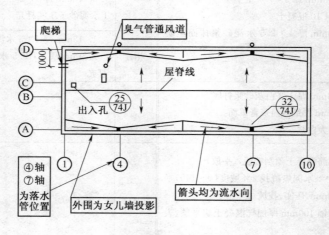

图 2-13 屋顶平面图

第三节 识读建筑施工详图

一、建筑施工详图的类型

一般建筑除了平、立、剖面图之外,为了详细说明建筑物各部分的构造,常常把这些部位绘制成施工详图。建筑施工图中的详图有:外墙大样图,楼梯间大样图,门头、台阶大样图,厨房、浴室、厕所、卫生间大样图等。同时为了说明这些部位的具体构造,如门、窗的构造,楼梯扶手的构造,浴室的澡盆,厕所的坐便器,卫生间的水池等做法,往往是采用设计好的标准图册来说明这些详图的构造,从而按这些图进行施工。

二、具体详图的识读

下面以外墙为例,来进行识读如图 2-14 所示。

(1)图 2-14 为外墙大样图。可以看到各层楼面的标高和女儿墙压顶的标高,窗上共需两根过梁,一根矩形,一根带檐子的,窗台挑出尺寸为 60mm,厚度为 60mm,内窗台板采用 J_{42}—N_{15}—CB15 的型号,这就又得去查这标准图集,从图集中找到这类窗台板。还可以从大样图上看到在窗过梁上圈梁的断面,女儿墙的压顶钢筋混凝土断面,同时还可以看到雨篷、台阶、地面、楼面等的剖切内容。

总之,外墙大样图主要表明选剖的外墙节点处的具体构造,是施工时对外墙具体做法的依据。

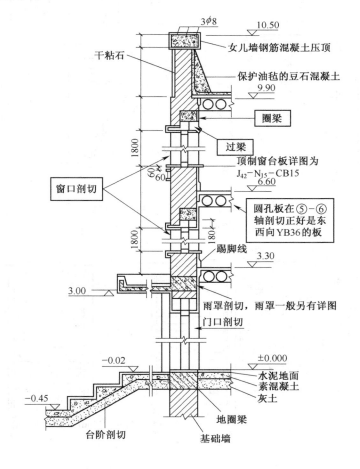

图 2-14 外墙大样图

(2)楼梯间详图。如图 2-15 所示在楼梯间大样图上,可以看到楼梯间的平面、剖

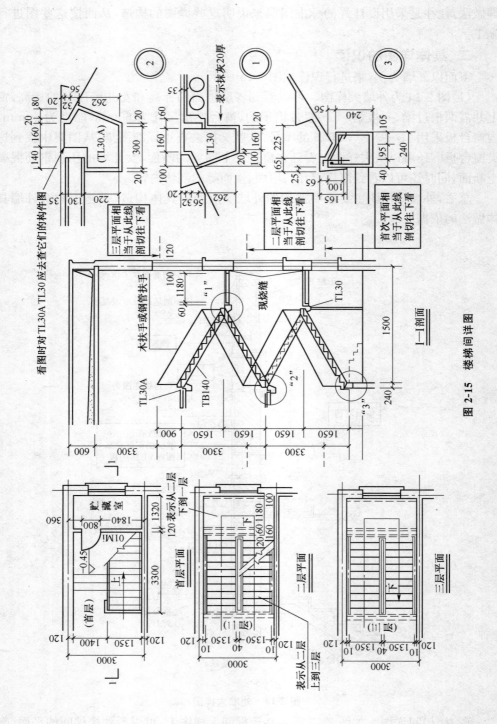

图 2-15 楼梯间详图

面和节点构造详图。平面图分为首、二、三层,表示出楼梯的走向,平面尺寸。在剖面图上可以看到楼层高度,楼梯竖向尺寸,及栏杆做法按建8图1-3号图做。节点详图上表示梁、梯交接的关系和尺寸。

（3）门窗详图一般都有统一的标准图集。对于特殊的或有具体做法要求的窗样,则可绘制具体的施工详图。为了学会看懂门、窗节点构造图,特选取北京市常用木门窗标准图集中的56C详图,作为看图的例子,如图2-16所示。

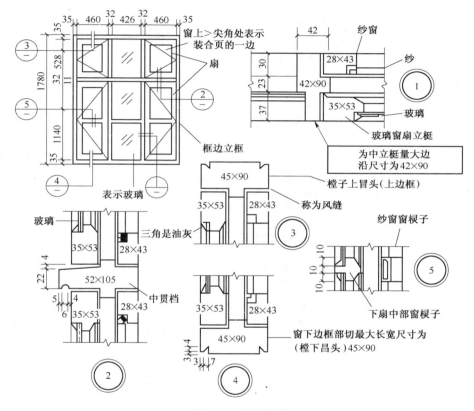

图2-16　门窗详图

（4）厕所大样图。如图2-17所示,在厕所平面图中,可以看到有一个小便池,一个拖布池,有四个大便坑并用隔断分开,每个蹲坑都有小门向外开启。隔断墙有具体的标准图,图号为74J52中的S28,平面图上还可以看到通气孔的位置、地漏位置等,结合它们的节点图就可以进行施工了。

（5）讲台、黑板大样图。如图2-18所示看这类构造的详图,以增加对不同详图的了解。从平面上可以看到讲台的长度、宽度,黑板的长度。立面上可以看到讲台高度,黑板离地高度,黑板本身的高度、长度。剖面图上可以看出黑板与墙联结的关系等。具体均在图上注明了。

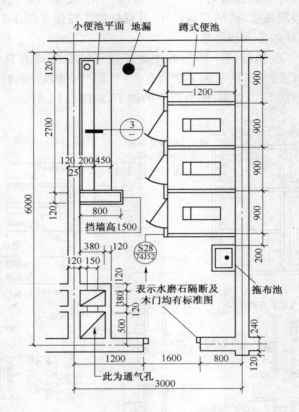

图 2-17 男卫生间大样图

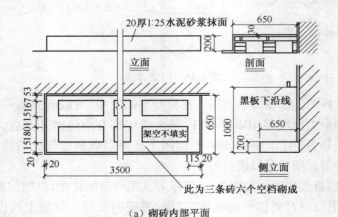

（a）砌砖内部平面

图 2-18 讲台、黑板大样图

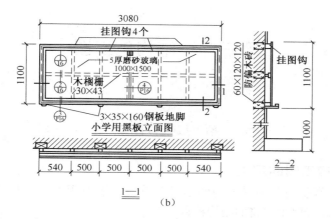

图 2-18 讲台、黑板大样图(续)

第三章 结构施工图

第一节 结构施工图的基本知识

一、结构施工图的定义

在建筑上,承受荷载的受力构件和对建筑起稳固作用的受力构件,如屋架、梁、柱子、楼板、基础等属于建筑的结构构件。

结构施工图是表明一栋建筑的结构构造的图样,是依据国家建筑结构设计规范和制图标准,根据建筑要求选择结构形式,进行合理布置,再通过力学计算确定构件的断面形状、大小、材料及构造等,并将设计结果绘成图样,能够用来指导施工的图纸,即为结构施工图(简称"结施")。

结构施工图主要作为放灰线、挖槽(土方)、支模板、绑钢筋、浇混凝土,安装构件等,以及作为编制预算和施工组织设计计划的重要依据。

二、常见的结构类型

根据我国目前大部分地区的材料供应情况和施工条件,通常采用以下两种结构类型:

(1)混合结构。是指用砌体作为承重墙或柱,楼板和屋盖采用钢筋混凝土、钢木等结构材料,这类房屋结构一般称之为混合结构。最常见的是"砖混结构",即承重墙为砖砌体,楼板、梁、屋盖采用钢筋混凝土材料,如图 3-1 所示。

(2)钢筋混凝土结构。是指建筑结构构件均采用钢筋混凝土材料的结构形式,即用钢筋混凝土柱、梁、板、墙等分别作为垂直方向和水平方向的承重构件。常见的有框架结构、剪力墙结构等,如图 3-2 所示。

三、结构施工图的内容

一套结构施工图少则几张、十几张,多则几十张甚至上百张。在识读结构施工图时,首先要看结构施工图目录,了解这个工程的结构施工图共有多少张,每张图纸的内容是什么,建立一个总的概念。

不同的结构类型,其结构施工图的具体内容和图示方式也各不相同,但图纸组成基本相同,一般包括以下内容:

(1)结构设计说明。用以说明结构材料的类型、规格、强度等级;地基情况;主要设计依据;自然条件;施工注意事项;选用标准图集。

(2)基础图。包括基础平面图和基础详图。

(3)结构布置图。包括楼层结构布置图和屋面结构布置图。

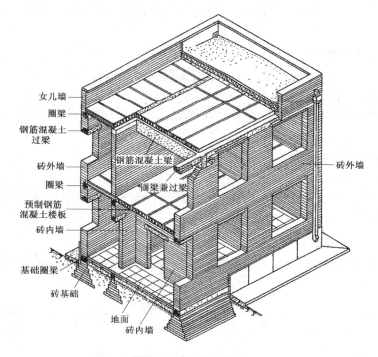

女儿墙
圈梁
钢筋混凝土
过梁
砖外墙
圈梁
预制钢筋
混凝土楼板
砖内墙
基础圈梁
砖基础
地面
砖内墙

钢筋混凝土梁
圈梁兼过梁
砖外墙

图 3-1　砖混结构建筑

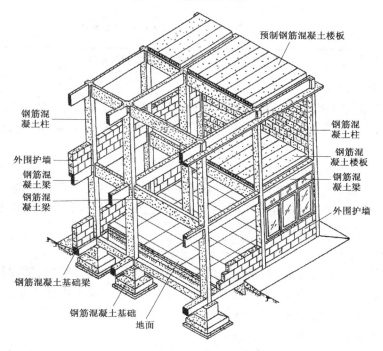

预制钢筋混凝土楼板
钢筋混
凝土柱
外围护墙
钢筋混
凝土梁
钢筋混
凝土梁
钢筋混凝土基础梁
钢筋混凝土基础
地面

钢筋混
凝土柱
钢筋混
凝土楼板
钢筋混
凝土梁
外围护墙

图 3-2　钢筋混凝土全骨架承重结构

(4)构件详图。包括梁、板、柱、楼梯、屋架等详图,以及支撑、预埋件、连接件等详图。

四、常用图线

在结构施工图中,要识读的图纸中的图形内容是由各种各样的线型组成的,不同的线型表示不同的意义。为了图示简单明了、便于阅读,"国标"规定了结构施工图中常用的线型有实线、虚线、单点划线、双点划线、折断线和波浪线等,其图线及其用法见表1-3。

五、常用构件代号

结构构件的种类很多,"国标"中规定了各种构件的代号,见表1-7。从表中我们可以看出常用构件代号是用各构件名称的汉语拼音的第一个字母表示的。

六、钢筋

1. 常用钢筋符号

在钢筋混凝土构件中所配置的钢筋一般采用普通热轧钢筋,钢筋的种类和符号见表3-1

表 3-1　常用钢筋符号

种　　类	符　　号	种　　类	符　　号
HPB235(Q235)	ϕ	HRB400(25MnSi)	$\oplus$
HRB335(20MnSi)	Φ	RRB400(40Si2MnV)	$\oplus^R$

注:施工图中一般将常用的钢筋 HPB235 称为Ⅰ级钢,HRB335 称为Ⅱ钢。

2. 钢筋的分类

在钢筋混凝土构件中所配置的钢筋,按其作用不同,可以分为以下几种：

(1)受力筋。在钢筋混凝土构件中承受拉应力的钢筋,它是同一构件中最粗的钢筋。

(2)箍筋。在钢筋混凝土构件中固定受力筋的钢筋。

(3)架力筋。在梁类结构中,固定箍筋的位置、形成钢筋骨架的钢筋。

(4)分布筋。在板类结构中,固定受力筋的位置的钢筋,分布筋同时还可以分散荷载和抵抗温度应力的作用。

3. 钢筋的接头

在钢筋混凝土构件中,如果构件的长度超过钢筋的长度时,就需要把两根钢筋连接在一起作为一根使用,连接的方式有焊接和套管。其中焊接的形式较多,其接头形式和标注方法见表1-15。

4. 钢筋的图示方法

钢筋的图示方法是结构施工图阅读的主要内容之一。单根钢筋通常用粗实线表示,黑圆点表示钢筋的横断面,另外还有一些常用的图示方法,详见表 3-2 和表 3-3。

表 3-2　一般钢筋

序号	名　称	图　例	说　明
1	钢筋横断面		
2	无弯钩的钢筋端部		下图表示长、短钢筋投影重叠时,短钢筋的端部用 45°斜划线表示
3	带半圆形弯钩的钢筋端部		
4	带直钩的钢筋端部		
5	带丝扣的钢筋端部		
6	无弯钩的钢筋搭接		
7	带半圆弯钩的钢筋搭接		
8	带直钩的钢筋搭接		
9	花篮螺丝钢筋接头	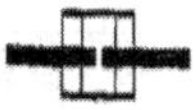	
10	机械连接的钢筋接头	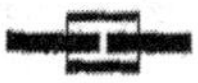	用文字说明机械连接的方式(或冷挤压或锥螺纹等)

表 3-3　钢筋的画法

序号	说　明	图　例
1	在结构平面图中配置双层钢筋时,底层钢筋的弯钩应向上或向左,顶层钢筋的弯钩则向下或向右	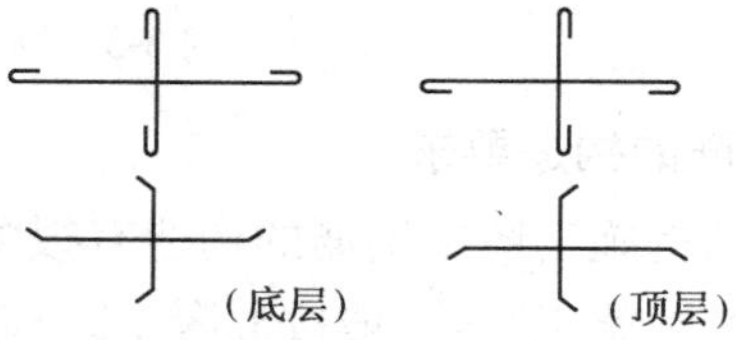 (底层)　　(顶层)
2	钢筋混凝土墙体配双层钢筋时,在配筋立面图中,远面钢筋的弯钩向上或向左,而近面钢筋的弯钩向下或向右 (JM 近面;YM 远面)	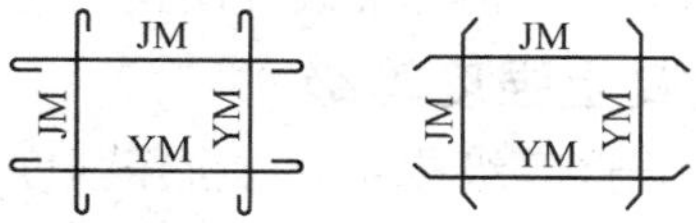 JM YM JM YM

续表 3-3

序号	说　明	图　例
3	若在断面图中不能表达清楚的钢筋布置,应在断面图外增加钢筋大样图(如:钢筋混凝土墙、楼梯等)	
4	图中所表示的箍筋、环筋等若布置复杂时,可加画钢筋大样及说明	或
5	每组相同的钢筋、箍筋或环筋,可用一根粗实线表示,同时用一两端带斜短划线的横穿细线,表示其余钢筋及起止范围	

5. 钢筋的编号及标注

为了便于识读及施工,构件中的各种钢筋应按其等级、形状、直径、尺寸的不同进行编号,标注形式见图 3-3。

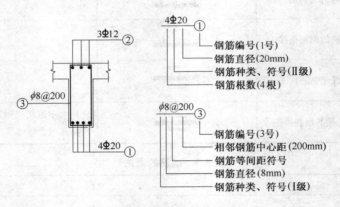

图 3-3　钢筋的标注形式

6. 钢筋的构造要求

通常结构施工图中钢筋的构造有很多,一套施工图不可能将钢筋的构造要求全部画出。实际施工时,一般按混凝土结构设计规范、建筑抗震设计规范、钢筋混凝土结构构造图集或结构标准设计图集的构造要求,结合结构施工图指导施工。

七、混凝土强度等级

混凝土强度等级按立方体抗压强度标准值进行确定。目前,我国混凝土强度等级分为 C15、C20、C25、C30、C35、C40、C45、C50、C55、C60、C65、C70、C75、C80。其中,C后面的数字越大,表明混凝土的强度等级越高,其抗压强度也就越大。

第二节 结构施工图的主要内容及识读

一、基础图

1. 基础与地基

基础是建筑物的墙或柱深入地面以下的部分,是建筑物的一部分。它是由以下部分组成的如图3-4所示:

(1)地基。指基础底下天然的或经过加固的土壤。

(2)基坑。是为了基础施工而在地面上开挖的土坑。

(3)坑底。即基础的底面。

(4)基础墙。埋入地下的墙。

(5)大放脚。基础墙与垫层之间做成阶梯形的砌体。

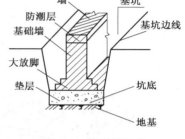

图3-4 基础的组成

(6)防潮层。基础墙上防止地下水对墙体侵蚀的一层防潮材料。

(7)基础埋置深度。是指室内地面(±0.000)至基础地面的深度。

(8)垫层。是基础与地基的中间层,作用是使其表面平整便于在上面绑扎钢筋。也起保护基础的作用,都是素混凝土的,无需加钢筋。

基础与地基是不同的。基础是建筑物的组成部分,建筑物的各种荷载通过基础传递给地基;而地基不是建筑物的组成部分,它是基础下部的土层,不同的地质条件,地基的承载力是不同的,地基因受建筑物荷载的作用而产生应力和应变。

2. 基础类型及构造形式

(1)根据上部结构形式和地基承载能力的不同,基础的形式也不同,所以其种类繁多。按照基础的材料及受力特点或构造形式归纳如下:

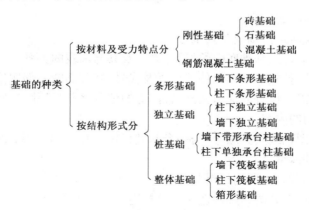

（2）基础构造形式如图 3-5 和图 3-6 所示。

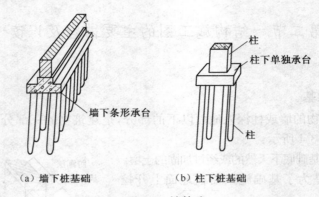

（a）墙下桩基础　　　　　（b）柱下桩基础

图 3-5　桩基础

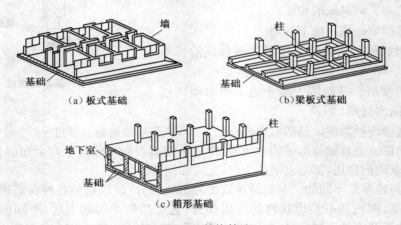

（a）板式基础　　　　　（b）梁板式基础

（c）箱形基础

图 3-6　整体基础

3. 基础图的内容

基础图一般包括基础平面图、基础详图和设计说明等内容。基础图的图示内容包括：

（1）基础平面图的内容。

①表明纵、横向定位轴线及其编号。

②表明基础墙、柱、基础底面的形状、大小及其与轴线的关系。

③基础梁、柱、独立基础等构件的位置及代号，基础详图的剖切位置及编号。

④其他专业需要设置的穿墙孔洞、管沟等的位置、洞口尺寸、洞底标高等。

（2）基础详图的内容。

①基础断面图轴线及其编号（当一个基础详图适用于多个基础断面或采用通用图时，可不标注轴线编号）。

②基础的断面形状、所用材料及配筋。

③标注基础各部分的详细构造尺寸及标高。

④防潮层的做法和位置。

（3）设计说明一般包括地面设计标高、地基的允许承载力、基础的材料强度等级、防潮层的做法以及对基础施工的其他要求等。

（4）基础图的识读。由于基础的形式不同，其图示的内容和特点也有所不同，但识读的重点基本相同。故在此仅以条形基础为例来说明基础图的识读如图 3-7 所示。

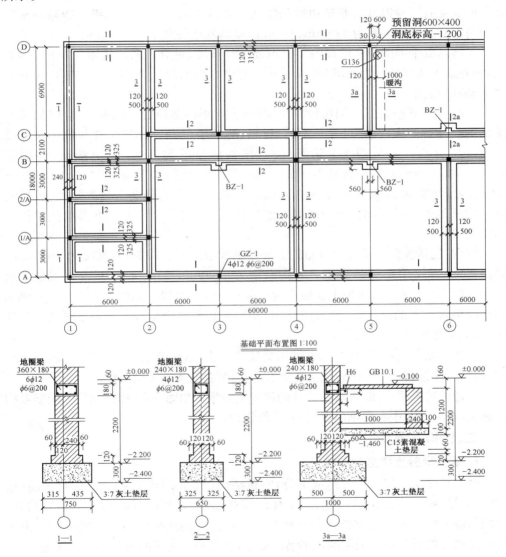

图 3-7　基础图示例

①用途：基础及管沟图是相对标高±0.000 以下的结构图，主要为放灰线、刨基槽、做垫层、砌基础及管沟墙用。

　　②轴线网：包括轴线号、轴线尺寸，其主要是用来放线，确定各部分基础的位置。结构施工图的轴线必须与建筑首层平面完全一致。

　　③识读基础平面图：包括基础的主要轮廓线，如灰土垫层边线、基础墙边线及其与轴线的关系。这部分与建筑一层平面图关系密切，应配合识读。在基础平面图中，一般只绘制基础墙、柱等基底平面轮廓即可，其他细部，如条形基础的大放脚、独立基础的锥形轮廓线等，都不表现在基础平面图中。由图3-7可以看到该建筑基础边线的宽度有三种以及各基础边线与轴线之间的关系。如①号轴线上的基础垫层边线与①号轴线的关系为435mm、315mm，即基础垫层宽度为750mm。

　　④将基础平面图与基础详图结合识读，查清轴线对应关系。从图3-7中可以看出，该建筑外墙基础均为偏轴（轴线不在墙的中心线上而是外240mm，内120mm）；内墙基础均居中。

　　⑤结合基础平面图的剖切位置及编号，了解不同部位的基础断面形状（如条形基础的尺寸，即"大放脚"尺寸）、配筋、材料、防潮层位置、地圈梁、各部位的尺寸及主要部位标高。如从图1-1断面可知，该条形基础为3∶7灰土垫层，垫层宽750mm，高300mm；基底标高为−2.400m；大放脚为一步；地圈梁设在±0.000下60mm处，地圈梁的截面尺寸为360mm×180mm，受力筋为4φ12，箍筋为φ6@200，由于地圈梁设置的位置与墙基防潮层在同一位置，故该工程不再单独设置墙基防潮层。

　　管沟：包括管沟墙及沟盖板布置。⑤号轴线边上有一段管沟，宽度为1000mm，做法详见图3-7中3a—3a断面。管沟断面为1000mm×1200mm，C15素混凝土垫层底标高为−1.460m，盖板上皮标高为−0.100m，管沟墙一侧厚240mm，另一侧采用地圈梁挑鼻子的做法，管沟盖板选用GB10·1，是通用构件。管沟是暖气工种要求的，应配合暖气图纸阅读。

　　⑦基础墙留洞：在①轴与⑤号轴相交处的右边，基础墙上预留600mm×400mm洞口，洞口底标高−1.200m，是设备要求的，应配合设备施工图阅读。

　　⑧通过基础平面图，查清构造柱的位置及数量。如图3-7中的GZ1，其配筋及构造做法，在基础图中有详细的表述，应仔细识读。

二、结构布置图

1. 钢筋混凝土楼盖的种类

　　楼盖是多层房屋的重要组成部分，它包括面层、承重层、顶棚。其中承重层（结构层）由梁、板等构件组成，它们承受楼面荷载，并通过墙或柱把荷载传递到基础。它们与墙或柱等垂直承重构件相互依赖，互为支撑，构成房屋多层空间结构。由于楼板结构层的材料较多采用的是钢筋混凝土，就是通常所说的钢筋混凝土楼盖。

　　钢筋混凝土楼盖根据施工方式不同，可分为装配式（预制）、整体式（现浇）以及现浇与预制结合三种。装配式（预制）楼盖采用的是承重构件在工厂预制，施工现场安装的施工方式；整体式楼盖，即现浇钢筋混凝土楼盖，是在施工现场支模盖、绑扎钢筋、浇捣混凝土梁、板,经养护后而成的,如图 3-8 所示。

2. 楼层结构布置图的内容

结构施工图中,通常用楼层结构布置图来表示楼板层结构的相互关系及情况,主要表示每层楼面梁、板、柱、墙及楼面下层的门窗过梁、大梁、圈梁的布置,和它们之间的结构关系,以及现浇板的构造与配筋等情况。楼层结构布置图是施工时布置或安装各层楼面的承重构件、制作圈梁和现浇板的施工依据。图纸组成包括:

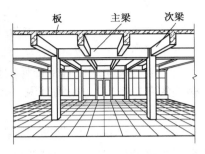

图 3-8　整体式钢筋混凝土楼盖

(1)楼层结构布置平面图。由于表达的是结构层,假想把楼板层的上下装修层、梁墙柱的面层等剥去,只剩下裸露的结构层,再假想用一个水平剖切面沿着楼层将房屋剖切开,移去上部,作楼层的水平投影图,即为该楼层的结构布置平面图。它用来表示该楼层的梁、板、柱、墙的平面布置,现浇钢筋混凝土楼板的构造与配筋,及它们之间的结构关系。

(2)局部剖(断)面详图。对于楼层结构布置平面图表达不清的部分,如支座处的搭接、竖直方向的构件布置和构造等节点处,可辅以相应的局部剖(断)面详图来表达。

(3)构件统计表。以表格形式分层统计出各层平面布置图中各类构件的名称、代号、数量、钢筋表、详图所在图纸(图集)的图号、备注等。构件统计表是编制预算和施工准备的重要依据之一。

(4)文字说明。用以注写材料标号、施工要求、所选用的标准图等施工要求和注意事项等。

3. 装配式(预制)楼盖结构布置图的识读

装配式楼盖的结构布置图主要用来表示预制楼板与墙体(柱)或梁的搭接关系,预制板的规格和数量、局部现浇的配筋情况以及各构件(如过梁)的位置、规格等。这部分图与相应的建筑平面即墙身剖面有密切关系,应配合阅读。楼盖和屋盖结构图的内容和表示方法基本相同,现以楼盖为例进行介绍,如图 3-9 所示。

(1)用途。为安装梁、板等各种楼盖构件用。有时还为制作圈梁和局部现浇梁、板用。

(2)轴线网。包括轴线号、轴线尺寸。以轴线为准,确定各种构件和砖墙的位置。轴线应与建筑平面完全一致。

(3)承重墙的布置及墙厚。如①号轴线上,墙厚为 360mm,与轴线关系是 240mm、120mm。这是为安装构件时,了解构件与墙关系及墙厚用的。砖墙按建筑施工图砌筑,在此画的简单些。

(4)预制板平面布置图。这是楼盖结构布置图的主要内容,表明了各种预制构件的名称编号、规格、数量、布置及定位尺寸。如图 3-9 中①号轴至②号轴之间注有 3KB60·(1),表示有 3 块预应力长向圆孔板。

KB60·(1)含义:KB——预应力圆孔板;

60——轴跨6.0m,板实际长度为5900mm;

1——1级荷载。带括弧表示窄板,板宽为880mm;

不带括弧表示宽板,板宽为1180mm。

板与墙的关系应配合剖面详图识读。如果排列相同的开间或区域,不必一一画出楼板的布置情况,可用编号说明,编上A、B、C、D等号,其余相同的可以只写A、B、C、D等表示同类布置。

(5)剖面详图:表示墙、板、圈梁之间的连接关系和构造处理。凡墙、板、圈梁构造不同时,都应注有不同的剖面符号和编号,以便依编号查阅节点详图,如②号轴上的2,3剖面详图等。从图3-9中的详图①、②可以看出板的支撑情况、板的连接构造、和砖墙的构造关系、与圈梁的关系、圈梁的形状尺寸、配筋和标高等构造关系。

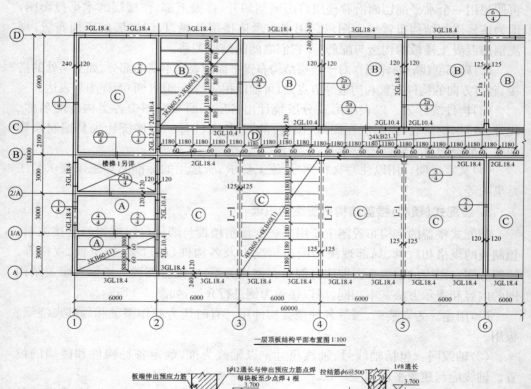

一层顶板结构平面布置图1:100

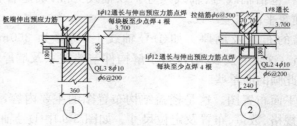

图3-9 装配式楼盖结构布置图

(6)楼梯间的结构布置,通常另有详图,在平面布置图中一般用相交的对角线标出楼梯间范围,并注明楼梯间详图的编号。如图中注明的"楼梯1另详"。

4. 整体式(现浇)楼盖结构布置图的识图

首先应结合本章第一节的有关内容,熟悉和了解钢筋的图示方法,这是识读配筋图的基础。

钢筋混凝土现浇盖的构造示意图如图3-10所示。其中骨架部分是由各种形状钢筋组成(用细钢丝绑扎或焊接)的,此骨架被包裹在混凝土中。为了清晰表达结构构件(梁、板、柱)中的钢筋配置,在配筋图中,一般假想混凝土是透明的,使包含在混凝土中的钢筋成为"可见"。结构布置图与相应的建筑平面及墙身剖面关系密切,应配合阅读。钢筋混凝土现浇盖的配筋平面图如图3-11所示。

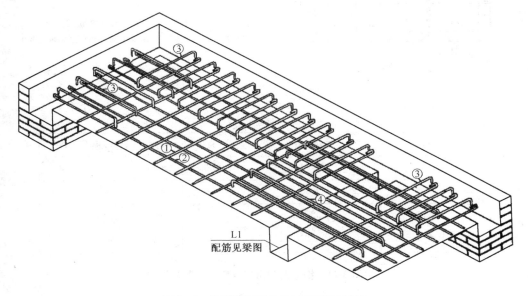

L1
配筋见梁图

图 3-10　钢筋混凝土现浇盖构造示意图

(1)用途:主要用于现场支模板、绑钢筋、浇灌混凝土制作梁、板等。

(2)轴线网、承重墙的布置及墙厚:其意义和作用与装配式(预制)楼盖结构布置图一样,这里就不重复叙述了。

(3)梁、梁垫的布置和编号。如图3-11所示梁L-1,断面尺寸为200mm×400mm,梁垫的尺寸为500mm×240mm×400mm。梁的模板和配筋另有构件详图表示(如图3-12所示)。

(4)板:板的厚度、标高及支承在墙的长度,这些是支模板的依据。通常情况下,设计者为了表示清楚,常用折倒断面(图中涂黑的部分)表示板和梁的布置及支撑情况,并注明板的上皮表高与板厚。

(5)钢筋。板内不同类型的钢筋一般都用编号表示出来,并注明定位及长度尺

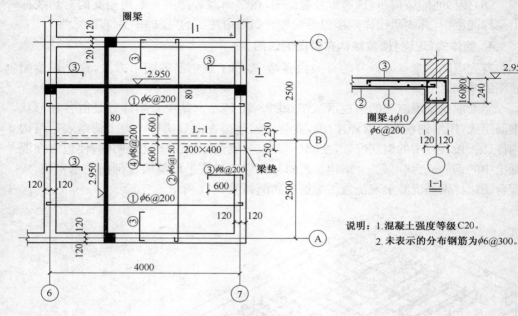

钢筋表

构件	编号	形状尺寸	直径	长度	数量/根	备注
板	①	50 ⌐ 3980 ⌐ 50	$\phi 6$	4080	26	
	②	50 ⌐ 4980 ⌐ 50	$\phi 6$	5080	26	
	③	70 ⌐ 820 ⌐ 70	$\phi 8$	960	122	
	④	70 ⌐ 1400 ⌐ 70	$\phi 8$	1540	20	

图 3-11　钢筋混凝土现浇盖平面配筋图

寸,如图 3-11 中③号钢筋下面的 600mm。钢筋的编号、规格、间距、定位尺寸及长度,是现场绑扎钢筋的依据。

从图 3-11 可知,钢筋弯钩的方向表示配筋平面图中钢筋在板中的上下位置。图 3-11 中①号钢筋和②号钢筋是布置在板下部承受拉力的受力筋,钢筋两端是向上弯起的半圆弯钩;③号钢筋是支座处的构造筋,布置在板的上层。钢筋端部为直钩,向下弯;④号钢筋是中间支座的负弯矩钢筋,属于受力筋,布置在板的上层,钢筋端部为直钩向下弯,跨过支座的长度用尺寸标注出来。

习惯上,现浇钢筋混凝土盖的配筋平面图中不绘制分布筋,因为分布筋一般是直筋,其作用是固定受力筋和构造筋位置,设计说明中一般都会有统一的规定。

当钢筋不够长时,可以相接。搭接的长度一般应为 30 倍钢筋直径,即工地上常说的 30 倍 d。具体的搭接的长度应按图纸的设计说明要求或现行国家规范的有关规定执行。

　　(6)剖面大样：表示圈梁、砖墙、楼板的关系，如图 3-11 中的 1—1 剖面。

三、钢筋混凝土构件详图的识读

　　钢筋混凝土构件有现浇、预制两种。预制构件要考虑起吊和运输，有的设有吊钩。图中不必画出构件的安装位置及其与周围构件的关系。而现浇构件是在现场制作，因此必须画出梁的位置、支座情况。现以图 3-11 现浇楼盖梁 L-1 为例进行分析，如图 3-12 所示。

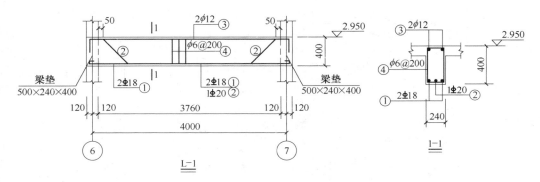

钢　筋　表

构　件	编　号	形状尺寸	直　径	长　度	数量/根	备　注
L-1 (1根)	①	4200　　120	Φ18	4440	2	
	②	2980　490 270 200	Φ20	4900	1	
	③	4200	φ12	4360	2	
	④	160 410 360 210	φ6	1140	22	

图 3-12　梁(L-1)

　　(1)用途。主要用于现场支模板、绑钢筋、浇灌混凝土等。

　　(2)梁模板尺寸。梁长 4240mm，梁宽 200mm，梁高 400mm，板厚 80mm。

　　(3)配筋。主筋即受力筋，①号钢筋是 2 根直径 18 的钢筋，布置在梁底，并在梁的最外侧左右各一根，见 1—1 剖面，标注为 2φ18；②号钢筋是 1 根直径 20 的弯起钢筋，布置在梁底中间部位，标注为 1φ20。

　　架立筋。架立筋主要起架立作用，③号钢筋是 2 根直径 12 的钢筋，布置在梁的上部靠最外边左右各一根，标注为 2φ12。

　　箍筋：④号钢筋为箍筋，直径 6，间距 200mm，标注为 φ6@200。

　　(4)支座情况。两端支撑在⑥、⑦轴墙上，支承长度为 240mm，并设有素混凝土梁垫,长 500mm,宽 240mm,高 400mm。

(5)钢筋表。包括构件编号、形状尺寸、规格、根数。

(6)钢筋形状尺寸。钢筋的成型尺寸一般是指外包尺寸。确定钢筋形状和尺寸除计算要求外,一般考虑钢筋的保护层和钢筋的锚固要求等因素。钢筋锚固长度根据有关规范决定。如图 3-13 所示表明①、②、④号钢筋成型尺寸。

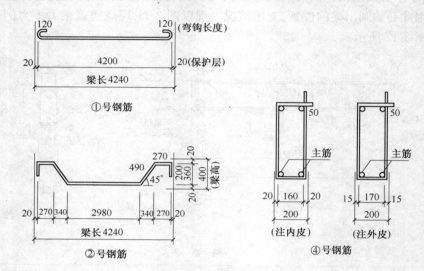

图 3-13 钢筋成型尺寸

箍筋成型尺寸根据主筋保护层确定。箍筋尺寸注法各设计单位不统一,有的注内皮,有的注外皮。

(7)钢筋的弯钩。螺纹钢筋和混凝土结合良好,末端不做弯钩,光圆钢筋要做弯钩。弯钩的设计长度如图 3-14 所示。一个弯钩的长度为 6.25 倍钢筋直径(即 $6.25d$),这个长度是设计长度。如①号钢筋直径为 18mm,所以弯钩的设计长度为 $6.25×18mm=112.5mm$,取整数值为 120mm,故其设计总长度为外包尺寸加两倍弯钩,即 $4200mm+2×120mm=4440mm$。

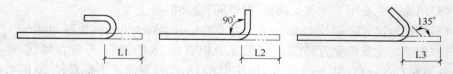

图 3-14 钢筋弯钩的设计长度

(8)钢筋下料长度。钢筋成型时,由于钢筋弯曲变形,要伸长些,因此施工时实际下料长度应比设计长度缩短。所减长度取决于钢筋直径和弯折角度,直径和弯折角越大,伸长越多,应减长度也就越多,如图 3-15 所示。因此一个半圆弯钩的实际下料长度应为 $6.25d-1.5d=4.75d$,一般可按 $5d$ 计算,如①号钢筋的实际下料长度

应为 $4200+5\times18\times2=4380(mm)$。

减 $1.5d$(直径)　　　　减 $1d$(直径)　　　　减 $0.7d$(直径)

图 3-15　钢筋弯钩的实际下料长度

第三节　"平法"结构施工图的识读

一、"平法"的概念和特点

"平法"是建筑结构施工图平面整体表示法的简称,它是一种新型的结构施工图表达方法。概括地讲,它是把结构构件的尺寸和配筋及构造,整体直接表达在各类构件的结构平面布置图上,再与标准构造详图相配合,构成一套完整的结构施工图表达方法,适用于现浇钢筋混凝土框架、剪力墙、框剪和框支剪力墙主体结构施工图的设计。

"平法"的最大特点是,改变了传统的将构件从结构平面布置图中索引出来,再逐个绘制配筋详图的烦琐方法,大大简化了绘图过程,提高了设计效率,缩减了图纸量,且便于施工看图、记忆和查找。近几年来已被设计单位广泛采纳使用,是当前结构施工图表达的主要方法。本节将主要阐述用"平法"表达的柱、梁等构件施工图的识读要点。

需要指出的是,"平法"的表达方式、方法根据构件配筋等情况的不同,有很多具体的规定,内容较多,不能一一详尽。因此,在具体应用和读图时,应详细识读"平法"国家标准图集。

目前最新的"平法"标准图集是《混凝土结构施工图平面整体表示方法制图规则和构造详图》(03G101—1)。由于"平法"是一种新型的结构施工图表达方法,有一个不断完善的过程,因此标准图集更新的速度较快,应及时查找最新的标准。

二、柱平法施工图的识读

柱平法施工图,是指在柱平面布置图上采用列表注写方式或截面注写方式表达的施工图。列表注写方式,即在柱平面布置图上,分别在同一编号的柱中各选择一个截面标注几何参数代号,在柱表中注写几何尺寸与配筋具体数值,并配以各种柱截面形状及其箍筋类型图的方式,来表达柱平法施工图;截面注写方式,是在标准层绘制的柱平面布置图上,分别在同一编号的柱中各选择一个截面,以直接注写截面尺寸和配筋具体数值的方式来表达柱平法施工图。

本节仅以列表注写方式,说明柱平法施工图的图示规则。如图 3-16 所示为用列表注写方式表达的柱平法施工图,识读时,应注意理解柱表的内容,它包括以下六项;

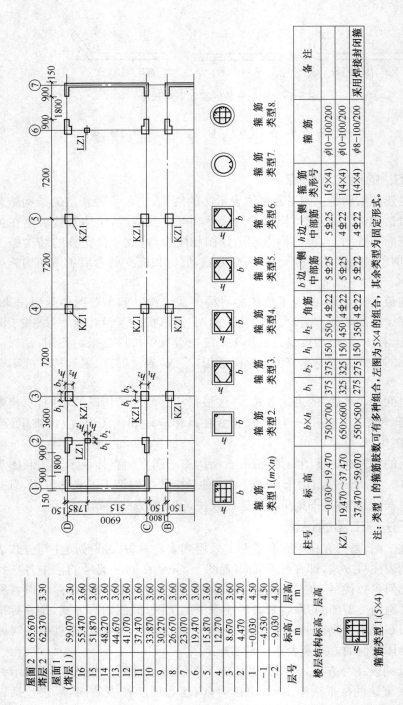

图 3-16 列表注写方式柱平法施工图示例

注：类型 1 的箍筋肢数可有多种组合，左图为 5×4 的组合，其余类型为固定形式。

柱号	标高	$b×h$	b_1	b_2	h_1	h_2	角筋	b 边一侧中部筋	h 边一侧中部筋	箍筋类形号	箍筋	备注
KZ1	-0.030~19.470	750×700	375	375	150	550	4Φ22	5Φ25	5Φ25	1(5×4)	φ10~100/200	
	19.470~37.470	650×600	325	325	150	450	4Φ22	5Φ25	4Φ22	1(4×4)	φ10~100/200	
	37.470~59.070	550×500	275	275	150	350	4Φ22	5Φ22	4Φ22	1(4×4)	φ8~100/200	采用焊接封闭箍

箍筋类型 1.($m×n$)   箍筋类型 2.   箍筋类型 3.   箍筋类型 4.   箍筋类型 5.   箍筋类型 6.   箍筋类型 7.   箍筋类型 8.

箍筋类型 1.(5×4)

层号	标高/m	层高/m
屋面 2 (塔层 2)	65.670 62.370	3.30 3.30
屋面 1 (塔层 1)	59.070	3.60
16	55.470	3.60
15	51.870	3.60
14	48.270	3.60
13	44.670	3.60
12	41.070	3.60
11	37.470	3.60
10	33.870	3.60
9	30.270	3.60
8	26.670	3.60
7	23.070	3.60
6	19.470	3.60
5	15.870	3.60
4	12.270	3.60
3	8.670	4.20
2	4.470	4.50
1	-0.030	4.50
-1	-4.530	4.50
-2	-9.030	
层号	标高/m	层高/m

楼层结构标高、层高

（1）柱编号：由类型代号和序号组成，柱类型见表 3-4。

表 3-4 柱编号

柱 类 型	代 号	柱 类 型	代 号
框架柱	KZ	梁上柱	LZ
框支柱	KZZ	剪力墙上柱	QZ

如图 3-16 中的 1 号框架柱的柱编号为"KZ1"。

（2）各段柱的起止标高：自柱根部往上以变截面位置或截面未变但配筋改变处为界分段注写。注意框架柱和框支柱的根部标高指基础顶面标高；梁上柱的根部标高指梁顶面标高；剪力墙上柱的根部标高分两种：当柱纵筋锚固在墙顶部时，其根部标高为墙顶面标高，当柱与剪力墙重叠一层时，其根部标高为墙顶下面一层的楼层结构标高。

如图 3-16 中的柱表分三段高度进行分段注写，标高"−0.030～19.470"段，柱截面尺寸为"750×700"；标高"19.470～37.470"段，柱截面尺寸为"650×600"；标高"37.470～59.070"段，柱截面尺寸为"550×500"。另外，三段的配筋也有所不同，因此将其标高分三段进行注写。

（3）柱截面尺寸 $b×h$ 及与轴线关系 b_1、b_2 和 h_1、h_2 的具体数值，须对应于各段柱分别注写，其中 $b= b_1+b_2$，$h= h_1+h_2$。

（4）柱纵筋、分角筋、截面 b 边中部筋和 h 边中部筋三项（对称截面对称边可省略）；当为圆柱时，表中角筋一栏注写圆柱的全部纵筋。

如图 3-16 中的柱表标高为"−0.030～19.470"段，配筋情况是角筋为 4 根直径 25mm 的 Ⅱ 级钢筋，截面的 b 边一侧中部筋为 5 根直径 25mm 的 Ⅱ 级钢筋，截面的 h 边一侧中部筋与 b 边的相同。

（5）箍筋类型号及箍筋肢数：具体工程所设计的各种箍筋类型图须画在表的上部或图中的适当位置，编上类型号，并标注与表中相对应的 b、h 边。

如图 3-16 中，在柱表的上部画有该工程的各种箍筋类型图，柱表中箍筋类型号一栏，表明该柱的箍筋类型采用的是类型 1，小括号中表示的是箍筋肢数组合，5×4 组合见图左下角所示。

（6）柱箍筋，包括钢筋级别、直径与间距。当为抗震设计时，用斜线"/"区分箍筋加密区与非加密区长度范围内箍筋的不同间距。

如图 3-16 中柱表的箍筋，第一段为"$\phi 10−100/200$"，表示箍筋为 Ⅰ 级钢筋，直径 10mm，加密区间距 100mm，非加密区间距为 200mm。

三、梁平法施工图的识读

梁平法施工图是指在梁平面布置图上，采用平面注写方式或截面注写方式来表达梁的尺寸、配筋、编号等整体情况。识读时，须注意以下规则：

（1）平面注写方式，是在梁平面布置图上，分别在不同编号的梁中各选择一根梁,在其上注写截面尺寸和配筋具体数值的方式来表达梁平法施工图。平面注写包括集中标注和原位标注两项内容,集中标注表达梁的通用数值(可从梁的任意一跨引出),原位标注表达梁的特殊数值。施工时,原位标注取值优先。

(2)梁集中注写的内容,有四项必注值及一项选注值,即;梁编号、梁截面尺寸、梁箍筋、梁上部贯通筋或架立筋根数和梁顶面标高高差(本项为选注值,有高差时则注值)。

①梁的编号。由梁类型代号、序号、跨数及有无悬挑代号几项组成,具体见表3-5的规定。

表 3-5 梁编号

梁 类 型	代 号	序 号	跨数及是否带有悬挑
楼层框架梁	KL	××	(××)或(××A)或(××B)
屋面框架梁	WKL	××	(××)或(××A)或(××B)
框支梁	KZL	××	(××)或(××A)或(××B)
非框架梁	L	××	(××)或(××A)或(××B)
悬挑梁	XL	××	

注:(××A)为一端有悬挑,(××B)为两端有悬挑,悬挑不计入跨数。

根据以上编号原则可知,如图 3-17 所示的集中注写中"KL2(2A)"表示的含义是:第 2 号框架梁,两跨,一端有悬挑。

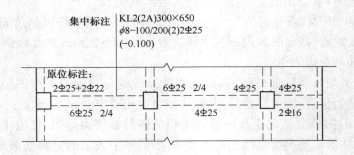

图 3-17 平面注写方式梁平法施工图

②梁截面尺寸。用 $b \times h$ 表示,如 300×650,表示截面宽 300mm,高 650mm。

③梁箍筋。包括钢筋级别、直径、加密区与非加密区间距及肢数。加密区与非加密区的不同间距及肢数用"/"分隔。如图中集中注写的"$\phi 8-100/200(2)$"表示箍筋为 Ⅰ 级钢筋,直径为 8mm,加密区间距为 100,非加密区间距为 200,均为两肢箍。

④梁上部贯通筋或架立筋根数。如图中集中注写的"2Φ25",梁上部配置有贯通筋,直径为 25mm 的 Ⅱ 级钢筋两根,若为架立筋则写入括号。

⑤梁顶面标高高差。从图中注写可知,该梁顶面低于所在楼层结构标高 0.1m。

(3)梁原位标注的内容,包括梁支座上部纵筋、梁下部纵筋、侧面纵向构造钢筋或侧面抗扭纵筋、附加箍筋或吊筋。当同排有两种直径的钢筋时,用"+"表示;当纵筋多于一排时,用"/"将各排纵筋自上而下分开。

如图 3-17 的原位注写中,梁上部纵筋"2Φ25+2Φ22"表示梁上部纵筋有四根,两根直径为 25mm 的在梁上面角部,两根直径为 22mm 的在梁上面中部;梁下部纵筋"6Φ25 2/4"表示梁下部纵筋分两排,上一排纵筋为两根,下排为四根,钢筋均为直径 25mm 的 Ⅱ 级钢筋。

(4)截面注写方式,是在梁平面布置图上,分别在不同编号的梁中各选择一根梁,用剖面符号引出的截面配筋图,注写截面尺寸与配筋具体数值,来表达梁平法施工图。

截面注写方式既可以单独使用,也可与平面注写结合使用。当梁平面整体配筋图中局部区域的梁布置过密时或表达异形截面梁的尺寸、配筋时,用截面注写方式比较方便。图 3-17 是梁采用截面注写的示例,可以看出,梁布置过密时,采用截面注写较清楚。

第四章　给排水施工图

第一节　给水排水施工图的基本知识

给水排水工程是城市建设的基础设施之一,它分为给水工程和排水工程。给水工程是为满足城镇居民生活和工业生产等用水需要而建造的工程设施;排水工程是与给水工程相配套,用来汇集、输送、处理和排除生活污水、生产污水和雨、雪水的工程设施。

一、给水排水的分类

给水排水工程分为室外给水排水和室内给水排水两类。

城市给水由于水源及地理环境等自然条件和具体情况的不同,城市给水系统的组成实际上是多种多样的。通常由取水、净水、贮水、输配水工程等所组成。

城市排水一般采用分流制的排水体制,即将城市的排水系统分为污水和雨水两种系统。污水系统一般包括排水管道、检查井、化粪池等。此外,还有污水泵站、污水处理构筑物(污水处理厂)和出水口等。雨水系统一般由雨水口、庭院和小区(厂区)雨水管、雨水检查井、市政雨水管及出水口等组成。

室内给水及排水的组成如图 4-1 所示。

室内给水一般的生活给水系统组成如下:引入管自室外给水总管将水引至室内管网的管段;水表节点位于引入管段的中间,装有水表、前后阀门及泄水口等;给水管网由水平干管、立管、支管等组成的管道系统;配水器材或用水设备如各种配水龙头、阀门、卫生设备等。

室内排水一般生活污水系统组成如下:卫生设备用来接纳污水并经存水弯或设备排出管排入横支管;横水管接纳各设备排出的污水,使排入污水立管内,横支管应有一定坡度;排水立管接受各横支管排放的污水,并将其排入排出管;排出管是室内排水立管与室外检查井之间的连接管段;通气管是排水立管上端延伸出屋面的部分;清扫设备为疏通排水管道而设置的检查口和清扫口。

二、给水排水工程图的分类

给水排水工程图是建筑工程图的组成部分,一般分为室内给水排水工程图和室外给水排水工程图。

室外给水排水工程图表示的范围较广,可表示一幢建筑物外部的给水排水工程,也可表示一个厂区(建筑小区)或一个城市的给水排水工程。内容可包括平面图、高程图、纵断面图、详图。室内给水排水工程图是表示一幢建筑物内部的工程设

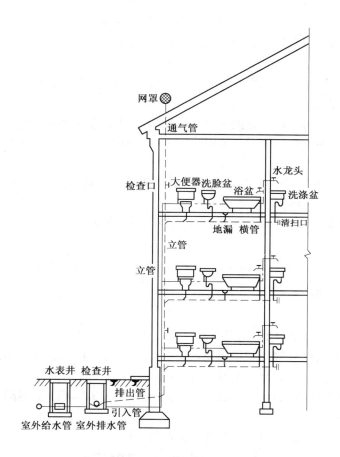

图 4-1 室内给水及排水的组成

施情况,包括平面图、系统图、屋面雨水平面图、剖面图、详图等。除室内外工程图外尚有工艺流程图、水处理构筑物工艺图等。

对于一般给水排水工程而言,主要包括室内给水排水平面图、室内给水排水系统图、室外给水排水平面图及有关详图。

第二节 给水排水工程图的图示特点及一般规定

一、图示特点

(1)给水排水工程图中的平面图、剖面图、高程图、详图及水处理构筑物工艺图等都是用正投影绘制的。系统图是用轴测投影绘制的。纵断面图是用正投影法取不同比例绘制的。工艺流程图则是用示意法绘制的。

(2)图中的管道、器材和设备一般采用统一图例表示。其中,如卫生器具的图例是较实物大为简化的一种象形符号,一般应按比例画出。

(3)给水及排水管道一般采用单线画法以粗线绘制,纵断面图的重力管道、剖面图和详图的管道宜用双粗线绘制,而建筑、结构的图形及有关器材设备均采用中、细线绘制。

(4)不同直径的管道,以同样线宽的线条表示,管道坡度无须按比例画出(画成水平),管径和坡度均用数字注明。

(5)靠墙敷设的管道,不必按比例准确表示出管线与墙面的微小距离,图中只需略有距离即可。即使暗装管道可按明装管道一样画在墙外,只需说明哪些部分要求暗装。

(6)当在同一平面位置布置有几根不同高度的管道时,若严格按投影来画,平面图就会重叠在一起,这时可画成平行排列。

(7)为了删掉不需表明的管道部分,常在管线端部采用细线的 S 形折断符号表示。

(8)有关管道的连接配件均属规格统一的定型工业产品,在图中均不予画出。

二、一般规定

1. 图线

(1)新建给水排水管线采用粗线。

(2)给水排水设备、构件的轮廓线,新建建筑物、构筑物的轮廓线采用中实线(可见)、中虚线(不可见)。原有给水排水管采用中实线。

(3)原有建筑物、构筑物轮廓线,被剖切的建筑构造轮廓线采用细实线(可见)、细虚线(不可见)。

(4)尺寸、图例、标高、设计地面线等采用细实线。

(5)细点画线、折断线、波浪线等的使用与建筑图相同。

2. 比例

小区(厂区)给水排水平面图 1:2000、1:1000 、1:500、1:200。

室内给水排水平面图 1:300、1:200、1:100 、1:50。

给水排水系统图 1:200 、1:100 、1:50 或不按比例。

剖面图 1:100、1:60 、1:50 、1:40 、1:30、1:10。

详图 1:50、1:40 、1:30、1:10、1:5 、1:3 、1:2 、1:1、2:1。

3. 标高

(1)单位为米(m)。一般注至小数点后第三位,在总图中可注写到小数点后二位。

(2)标注位置。管道应标注起讫点、转角点、连接点、变坡点、交叉点的标高。压力管道宜标注管中心标高,室内外重力管道宜标注管内底标高。必要时,室内架空重力管道可标注管中心标高,但图中应加以说明。

（3）标高种类。室内管道应注相对标高；室外管道宜注绝对标高，无资料时可注相对标高，但应与总图专业一致。

（4）标注方法。平面图、系统图如图 4-2 所示的方式标注，剖面图如图 4-3 所示的方式标注。

4. 管径

（1）单位为毫米（mm）。

（2）表示方法。低压流体输送用镀锌焊接钢管、不镀锌焊接钢管、铸铁管、硬聚氯乙烯管、聚丙烯管等，管径应以公称直径 DN 表示（如 DN15、DN50 等）。钢筋混凝土管、陶土管（缸瓦管）等，管径应以内径 d 表示（如 $d230$、$d380$ 等）。焊接钢管、无缝钢管等，管径应以外径×壁厚表示（D108×4，D159×4.5 等）。

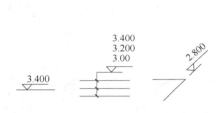

图 4-2　平面图和系统图的标注方法

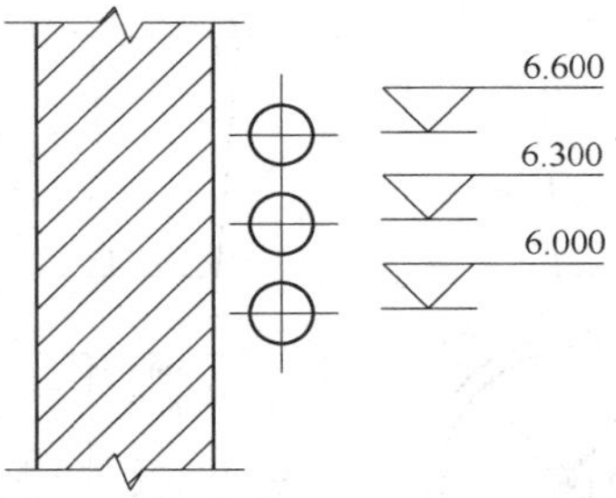

图 4-3　剖面图中管道标高注法

（3）标注方法。单管及多管标注如图 4-4 所示。

5. 编号

（1）当建筑物的给水排水进、出口数量多于一个时，宜用阿拉伯数字编号如图 4-5(a)所示。

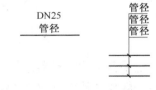

图 4-4　单管及多管管径标注法

（2）建筑物内穿过一层及多于一层楼层的立管，其数量多于一个时，宜用阿拉伯数字编号如图 4-5(b)所示，JL 为管道类别和立管代号。

（3）给水排水附属构筑物（阀门井、检查井、水表井、化粪池等）多于一个时应编号。给水阀门井的编号顺序，应从水源到用户，从干管到支管再到用户。排水检查井的编号顺序，应从上游到下游，先支管后干管。

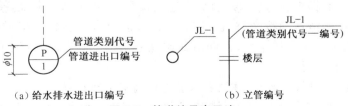

（a）给水排水进出口编号　　　　（b）立管编号

图 4-5　管道编号表示法

第三节 卫生器具、给水配件及给排水图例

一、卫生器具

（1）洗脸盆又称洗面器。供人们洗手、洗脸用的盥洗用卫生器具。

按外形区分有：长方形、马蹄形、椭圆形、三角形；按安装方式区分有：挂墙式、立柱式、台面式、化妆台式等；按与台板的关系区分有台上式和台下式。洗脸盆如图4-6所示。材质多为陶瓷制品，也有搪瓷、玻璃钢、人造大理石等。

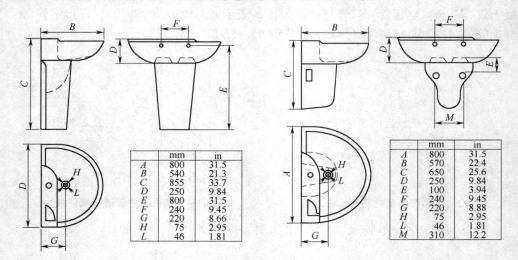

	mm	in
A	800	31.5
B	540	21.3
C	855	33.7
D	250	9.84
E	800	31.5
F	240	9.45
G	220	8.66
H	75	2.95
L	46	1.81

	mm	in
A	800	31.5
B	570	22.4
C	650	25.6
D	250	9.84
E	100	3.94
F	240	9.45
G	220	8.88
H	75	2.95
L	46	1.81
M	310	12.2

图 4-6　洗脸盆

（2）洗手盆又称洗手器。供人们洗手用的盥洗用卫生器具。形状和材质与洗脸盆相同，一般尺寸比洗脸盆为小。与洗脸盆另一个不同点为排水口不带塞封，水流随用随排。洗手盆如图4-7所示。

（3）盥洗槽，设在公共卫生间内，可供多人同时洗手、洗脸等用的盥洗用卫生器具。按水槽形式区分有：单面长条形、双面长条形和圆环形。多采用钢筋混凝土现场浇注，水磨石或瓷砖贴面，也有不锈钢、搪瓷、玻璃钢等制品。盥洗槽如图4-8所示。

（4）浴盆又称浴缸。人可在其中坐着或躺着清洗全身用的沐浴用卫生器具。多为搪瓷制品，也有钢板、陶瓷。玻璃钢、人造大理石、有机玻璃等制品，按使用功能区分有普通浴盆、坐浴盆和按摩浴盆。按有无裙边区分有：无裙边、有裙边；按排水口位置区分有右排水和左排水（人面向浴盆站立在裙边一侧，排水口位于人右侧的为右排水，左侧的为左排水）。

①坐浴盆，一种尺寸较小，沐浴者只能坐在其中洗澡的浴盆。

②按摩浴盆，又称漩涡浴盆、沸腾浴盆。兼有沐浴和水力按摩功能的浴盆。由

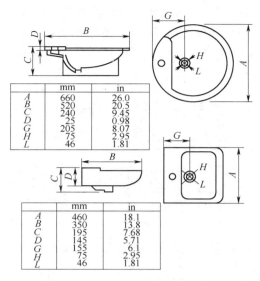

	mm	in
A	660	26.0
B	520	20.5
C	240	9.45
D	25	0.98
G	205	8.07
H	75	2.95
L	46	1.81

	mm	in
A	460	18.1
B	350	13.8
C	195	7.68
D	145	5.71
G	155	6.1
H	75	2.95
L	46	1.81

图 4-7　洗手盆

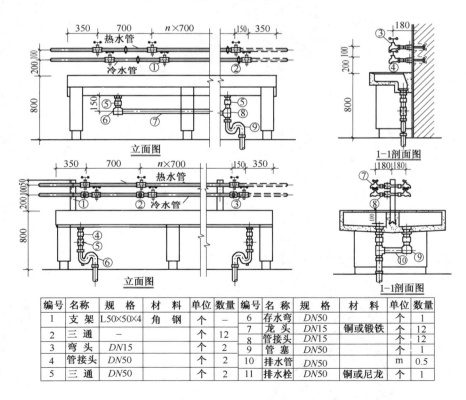

立面图　　1—1剖面图

立面图　　1—1剖面图

编号	名称	规格	材料	单位	数量	编号	名称	规格	材料	单位	数量
1	支架	L50×50×4	角钢	个	—	6	存水弯	DN50		个	1
2	三通	—		个	12	7	龙头	DN15	铜或锻铁	个	12
3	弯头	DN15		个	2	8	管接头	DN15		个	12
4	管接头	DN50		个	2	9	管塞	DN50		个	1
5	三通	DN50		个	2	10	排水管	DN50		m	0.5
						11	排水栓	DN50	铜或尼龙	个	1

图 4-8　盥洗槽

喷头、循环水泵和过滤器等组成,其循环喷射水流可对入浴者各个部分起按摩作用。喷射水流的方向、强弱和空气量可以调节,按使用人数区分有:单人用、双人用和多人用。浴盆背后喷涂 1cm 厚的无氟聚氨酯材料还有保温效果,冬季沐浴 30min 内可无须添加热水。按摩浴盆的尺寸大于普通浴盆如图 4-9 所示。

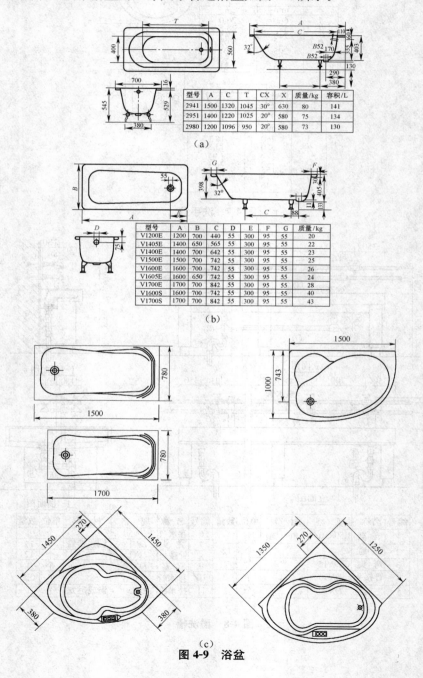

图 4-9 浴盆

(5)淋浴盆是收集淋浴排水用的底盆。多为玻璃钢制品,也有现场混凝土浇筑而成的。淋浴盆完善的是淋浴房,除用于淋浴,还用桑拿、冲浪等多种功能。

淋浴盆如图 4-10 所示。

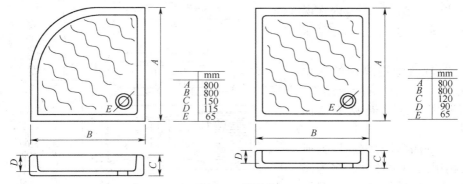

图 4-10 淋浴盆

(6)净身盆又称妇女卫生盆。供使用者冲洗下身用的洗浴用卫生器具。由坐式便器头和冷热水混合阀等组成。有的还有带有喷头自动伸缩、热风吹干装置和电热坐圈等。净身盆如图 4-11 所示。

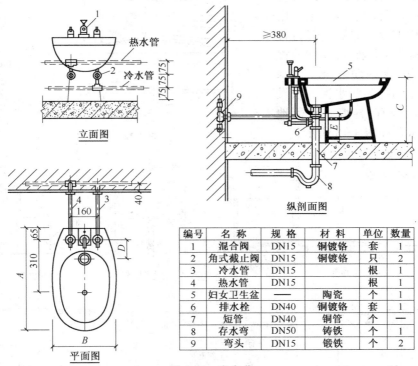

编号	名 称	规 格	材 料	单位	数量
1	混合阀	DN15	铜镀铬	套	1
2	角式截止阀	DN15	铜镀铬	只	2
3	冷水管	DN15		根	1
4	热水管	DN15		根	1
5	妇女卫生盆	——	陶瓷	个	1
6	排水栓	DN40	铜镀铬	套	1
7	短管	DN40	铜管	个	—
8	存水弯	DN50	铸铁	个	1
9	弯头	DN15	锻铁	个	2

图 4-11 净身盆

（7）浴池可供多人同时沐浴用的水池。多为钢筋混凝土结构、池壁贴瓷砖、马赛克等，也有玻璃钢制品。按池内水温区分有烫水池、热水池、温水池等。

（8）洗脚池洗脚用的浅水池，池体一般采用混凝土结沟、表面贴瓷砖或马赛克等饰面材料。

（9）洗涤盆洗涤餐具、器皿和食物用的卫生器具。多为陶瓷、搪瓷、不锈钢和玻璃钢制品，按分格数量区分有单格、双格和三格。有的还带搁板和背衬。洗涤盆如图 4-12 所示。

（10）污水盆又称污水池。洗涤清扫工具、倾倒污、废水用的洗涤用卫生器具。一般将材质为陶瓷、不锈钢、玻璃钢的称为污水盆，将钢筋混凝土。水磨石制作的称为污水池。按设置高度区分有：挂墙式和落地式。污水盆如图 4-13 所示。

	mm
A	860
B	500
C	240
D	20
E	390
F	190
G	85
H	380
L	95
M	235
N	65
P	50

	mm
A	1200
B	500
C	240
D	20
E	390
F	190
G	85
H	260
L	95
M	345
N	65
P	50

	mm
A	1000
B	500
C	240
D	20
E	390
F	190
G	85
H	95
L	335
M	65
	50

图 4-12　洗涤盆

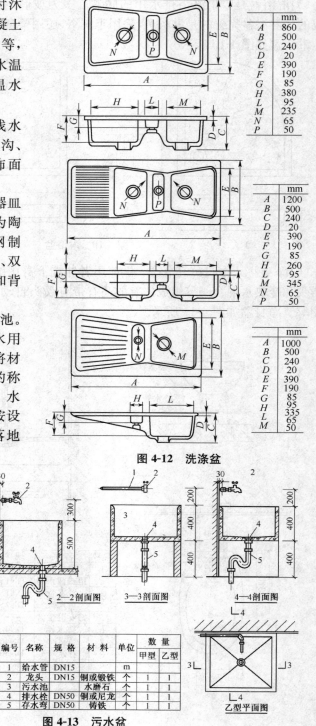

编号	名称	规格	材料	单位	数量	
					甲型	乙型
1	给水管	DN15		m		
2	龙头	DN15	铜或锻铁	个	1	1
3	污水池		水磨石	个	1	1
4	排水栓	DN50	铜或尼龙	个	1	1
5	存水弯	DN50	铸铁	个	1	1

图 4-13　污水盆

　　(11)化验盆洗涤化验器皿、供给化验用水、倾倒化验排水用的卫生器具。盆体本身常带有存水弯。材质为陶瓷、也有玻璃钢、搪瓷制品。化验盆如图 4-14 所示。

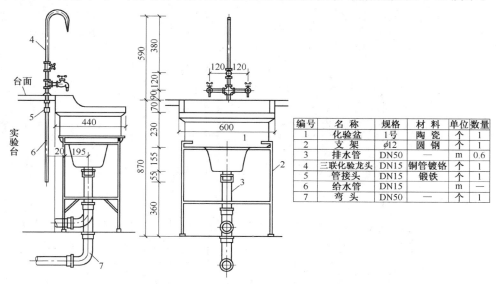

编号	名　称	规格	材　料	单位	数量
1	化验盆	1号	陶　瓷	个	1
2	支　架	φ12	圆　钢	个	1
3	排水管	DN50		m	0.6
4	三联化验龙头	DN15	铜管镀铬	个	1
5	管接头	DN15	锻　铁	个	1
6	给水管	DN15		m	—
7	弯　头	DN50	—	个	1

图 4-14　化验盆

　　(12)大便器旧称抽水马桶、恭桶。供人们大便用的便溺用卫生器具。与冲洗水箱或冲洗阀配套使用,按使用方式区分有:坐式大便器和蹲式大便器两类。多为陶瓷制品、也有玻璃钢。人造大理石制品。

　　1)坐式大便器,简称坐便器,如图 4-15 所示。按结构形式区分有:水冲式大便器、虹吸式坐便器、喷射虹吸式坐便器、和漩涡虹吸式坐便器;按安装方式有落地式坐便器和悬挂式坐便器;接与冲洗水箱的关系区分有分体式和连体式;按排出口位置区分有下出口(或称底排水)和后出口(或称横排水);按用水量区分有节水型和普通型。

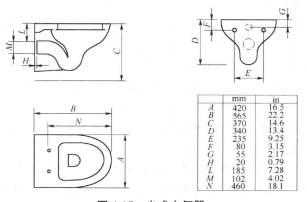

	mm	in
A	420	16.5
B	565	22.2
C	370	14.6
D	340	13.4
E	235	9.25
F	80	3.15
G	55	2.17
H	20	0.79
L	185	7.28
M	102	4.02
N	460	18.1

图 4-15　坐式大便器

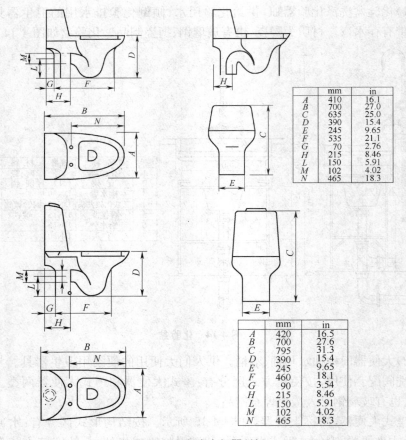

	mm	in
A	410	16.1
B	700	27.0
C	635	25.0
D	390	15.4
E	245	9.65
F	535	21.1
G	70	2.76
H	215	8.46
L	150	5.91
M	102	4.02
N	465	18.3

	mm	in
A	420	16.5
B	700	27.6
C	795	31.3
D	390	15.4
E	245	9.65
F	460	18.1
G	90	3.54
H	215	8.46
L	150	5.91
M	102	4.02
N	465	18.3

图 4-15 坐式大便器(续)

①水冲式坐便器,又称冲落式坐便器。是利用水的冲力将堆积的粪便排入污水管道的坐式大便器。便器内存水面积较小,污物易附着在器壁上,易散发臭气,冲洗水量和冲洗时噪声较大。

②虹吸式坐便器。便器内存水弯被充满形成虹吸作用而抽吸排除粪便的坐式大便器。排水能力大,积水面积大,污物不易附着和散发臭气,冲洗水量较大,冲洗噪声也较大,性能优于水冲式坐便器。

③喷射虹吸式坐便器。是一种形成强制虹吸作用的虹吸式坐便器,在便器底部正对存水弯处设有喷射孔,冲水时由此孔强力喷射使存水弯迅速充满并排水。其虹吸和排污能动力强,积水面积大,不易附着污物和散发臭气,冲洗水量较小,冲洗噪声较低,冲洗性能较好。

④漩涡虹吸式坐便器。冲洗时大股水流自便器下部进入形成漩涡的虹吸式坐便器,冲洗水箱与便器联成一体,其冲洗水头低。冲洗噪声小、使用舒适,但结构复杂,价格较贵。

⑤落地式坐便器。固定安装在地上的坐式大便器。按排水口位置区分有下出口和后出口两种。其安装较容易而牢固,但占用面积、影响地面清扫,在坐便器中最为常用。

⑥悬挂式坐便器。固定安装在墙壁上的坐式大便器。使用功能与落地式坐便器相同。排水为后出口方式,其占用面积小,地面容易清扫。

⑦压缩空气排水坐便器。借助压缩空气的气压排出污物的坐式大便器。在坐便器斗的出口处设有活板,冲洗时污物一落下便关闭,随即送入压缩空气将污物压送至排水管道,由于气压的作用,可大幅度节约冲洗用水量和减小排水支管的管径,但动力消耗增加,不利节约能源。

⑧真空排水坐便器,以水为载体,以真空作动力排除污物的坐式大便器,与真空式排水系统配套使用,可显著节约冲洗水量,减少排水支管管径和冲洗水箱容积。一般用于船舶、车辆、飞机等场合,可不因摇摆而溢水。

⑨自动坐便器。不需用手操作,现代化的坐式大便器。其水箱进水、冲洗污物、冲洗下身、热风吹干、便器坐圈电热等全部功能与过程均由机械装置和电子装置自动完成,使用方便、舒适而且卫生。

2)蹲式大便器,又称蹲便器。供人们蹲着使用的大便器。按形状区分有:盘式和斗式有带踏板和不带踏板的。便器一般不带存水弯。按排出口位置区分有:前出口和后出口之分。使用时不与人的身体接触,有利于卫生,但会散发臭气。蹲式大便器如图 4-16 所示。

(13)大便槽,可供多人同时大便用的长条形沟槽。一般采用混凝土或钢筋混凝土浇而成,槽底有坡度,坡向排出口。大便槽用隔板隔成若干小间,由于冲洗不及时,污物黏附,易散发臭气。

(14)小便器,收集和排除小便的便溺用卫生器具。按形状区分有挂式、立式等。

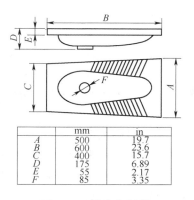

	mm	in
A	500	19.7
B	600	23.6
C	400	15.7
D	175	6.89
E	55	2.17
F	85	3.35

图 4-16 蹲式大便器

①挂式小便器,又称小便斗。安装在墙壁上使用的小便器。按形状区分有斗式、裙式等,多为陶瓷制品。

②立式小便器,又称落地小便器,落地靠墙竖立安装小便器。多为陶瓷制品。小便器如图 4-17 所示。

(15)小便槽,可供多人同时小便用的槽形构筑物。采用混凝土结构,表面贴瓷砖,由长条形水池、冲洗水管、排水地漏或存水弯等组成。

(16)倒便器,又称便器冲洗器。倾倒粪便并冲洗便盆或便壶用的便溺用卫生器具。有时还带有蒸汽消毒装置,通常为不锈钢制品。

(17)冲洗水箱,冲洗便溺用卫生器具的专用水箱。其作用是贮存足够的冲洗用水,保证一定冲洗强度,并起流量调节和空气隔断作用,防止给水系统污染。按安装

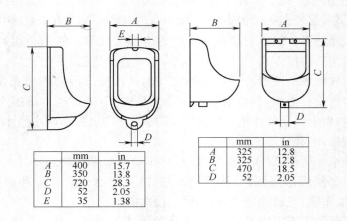

	mm	in
A	400	15.7
B	350	13.8
C	720	28.3
D	52	2.05
E	35	1.38

	mm	in
A	325	12.8
B	325	12.8
C	470	18.5
D	52	2.05

图 4-17　小便器

高度区分有:高水箱和低水箱;按冲洗原理区分有:塞封式、虹吸式和电磁阀式;按操作方式区分有手动和自动。箱体材料多为陶瓷、塑料、玻璃钢、铸铁等。

①高水箱,又称高位冲洗水箱。安装位置较高,常用于冲洗蹲式大便器。

②低水箱,又称低位冲洗水箱。安装位置较低,常用于冲洗坐式大便器。

③双挡冲洗水箱。可供给两种冲洗水量,可分别用于冲洗粪便和尿液的冲洗水箱。在冲洗小便时,冲洗水量较少,可节约用水。按操作方式区分有杠杆式、按钮式、手拉式。

④自动冲洗水箱,可定时或根据使用人数自动对便溺用卫生器具和大便槽进行冲洗水箱。常用于公共厕所大便槽和小便槽的自动冲洗。

(18)其他器材。与卫生器具配套,设置在卫生间的器材还有烘手机、皂液供给器、手纸盒、肥皂盒等。

①烘手机,又称手烘干器。洗手后将手吹干用的小型热风机组。由外壳、风机、电热元件和控制装置等组成。一般装在洗手盆附近的墙壁上,手伸近风口即开机吹出热风,手离开即自动关机,也有采用按钮起动,延时运行的,可避免用公共毛巾造成的交叉感染。

②皂液供给器,又称皂液龙头。供给洗手用皂液、洗涤剂等的装置。由皂液(洗涤剂等)容器和开关等组成。常设在洗脸盆附近的墙或台面上,皂液容器常用玻璃、陶瓷、塑料等制品,开关分有手动式和自动式,可避免或减少使用公共肥皂等造成的交叉感染。

二、给水配件

给水配件范围很广,包括与卫生器具配套、装在卫生器具上的供水、冲洗用的配水器材;用于启闭、控制管段中的水流的制约器材;用于调节管道中的压力、流量的调节器材;防止管道或设备内压力过高,以致超过许可工作压力的保安器材等。本节涉及的只限于与卫生器具配套使用的给水配件,即配水龙头。

1. 类型

配水龙头。又称水嘴、水栓。向卫生器具或其他用水设备配水的配件。分类如下:

(1)按结构形式区分有:截止阀式;瓷片式;轴筒式;球阀式;旋塞式。

(2)按冷热水供水方式区分有:混合龙头;单个龙头。

(3)按用途区分有:普通龙头;盥洗龙头;冲洗龙头;化验龙头;淋浴器;浇水龙头;节水龙头。

(4)接材料区分有:铸铁龙头;铜质龙头;塑料龙头;不锈钢龙头。

(5)按开启方式有:手开式;肘开式;膝开式;脚踏式;自闭式;自动式。

2. 水龙头等给水配件说明

(1)普通龙头,一般采用截止阀式结构,供给洗涤用水的配水龙头。包括有进水端较长用于洗菜盆(池)的长脖水龙头和出水口呈锥形螺口或快速接头的皮带水嘴。应用较广泛。

(2)盥洗龙头,采用截止阀式或瓷片式、轴筒式、球阀式等结构。角式进水,出口呈鸭嘴形的盥洗、沐浴用配水龙头。多为表面镀镍的铜质制品,较美观和洁净。

(3)混合龙头,可随意调节冷、热水比例并使之混合以供给使用的配水龙头。由冷热水进水口和混合水出水口组成。常用于向洗脸盆、浴盆、淋浴器等卫生器具供热水,按结构形式区分有双把和单把;按温度调节方式区分有手动式和自动式。

(4)单把混合龙头,又称单柄混合龙头。单手柄控制调温、调节水量的混合龙头。调节和密封元件常用膨胀系数小、耐高温和温差冲击的高铝陶瓷、不锈钢等。结构合理、构造新颖、使用方便、功能齐全,但价格较高且水流阻力大。

(5)节水型龙头,又称节水龙头,起节约用水作用的配水龙头。其原理有:补充空气以增大出流量的充气水龙头;减少无效出水时间的自闭式水龙头;设置控流器、限制过流断面积的减压限流水龙头;减少一次用水量的定水量水龙头;过流断面可自动调节的可调型水龙头。

(6)充气水龙头,又称泡沫水龙头。水流通过装有专门配件的出口及吸入或卷入空气、使气水充分混合的节水型水龙头。水流呈乳白色、有节水、减小水流冲击和增强去污能力的功能。用于洗脸盆、洗手盆、淋浴器。

(7)定流量水龙头,过流截面无显著变化、而出流量基本不变的节水型水龙头。用于洗涤。盆、污水盆、盥洗槽。

(8)定水量水龙头,又称延时自闭水龙头。每次水龙头开启后流出一定水量后自动关闭的节水型水龙头,可防止长流水。

(9)自动水龙头,根据光电效应、电容效应、电磁感应等原理自动控制启闭的节水型水龙头。常用于建筑标准较高的盥洗、沐浴、饮水等的水流控制和便溺器具的自动冲洗;也有防交叉感染提高卫生水平和舒适程度,节约用水的功能。水龙头如

图 4-18,4-19,4-20 所示。

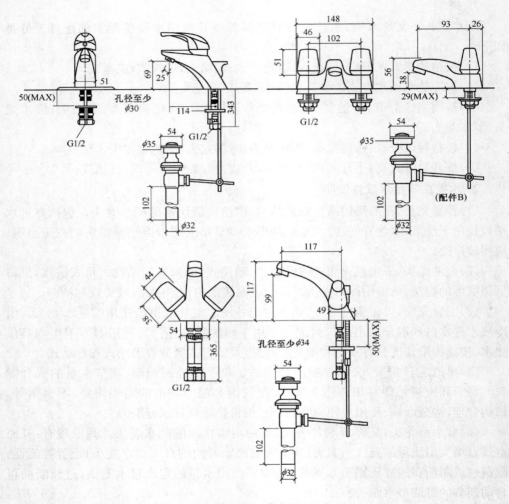

图 4-18　水龙头

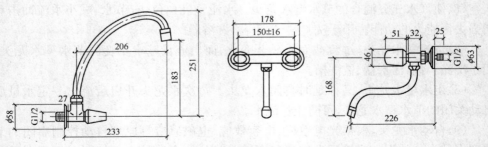

图 4-19　洗涤盆龙头

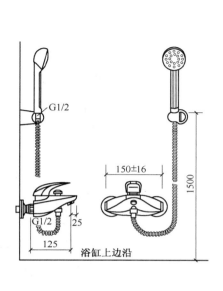
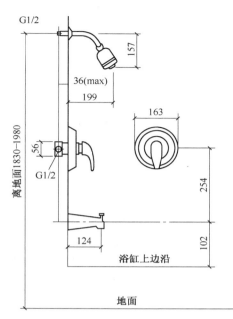

图 4-20　淋浴器

(10)小便器自动冲洗器,小便器自动冲洗器用红外反射式感应,微电脑控制。当使用者走近小便器时,距离在 250～750mm 范围,在 0～3s 后,即开始预冲洗,预润小便器内表面,在使用者离开小便器后再次冲洗、稀释尿液,保持便器的洁净。同时又可以消除用手接触便器的顾虑。有的自动冲洗器有定时强制冲洗功能、停电后又恢复供电的强制冲洗功能。自动冲洗器要求给水压力为 0.03～0.75MPa,冲洗水量为 0～8L/min。

(11)化验龙头,供化验洗涤用水的专用配水龙头。出水口多为锥形螺纹尖嘴状;以供套接胶管或形成束流。由两个水龙头组成的称为双联化验龙头;两个龙头加鹅颈出水管组成的称为。联化验龙头;单个水龙头称为普通化验龙头或单联化验龙头。

三、给排水图例(见表 4-1)

表 4-1　给排水图例

名称	图　例	名称	图　例
给水管	——————	立管	XL
排水管	— — — —	水表	
流向	→	截止阀	
坡向	$i = x\%$	放水龙头	

续表 4-1

名称	图 例	名称	图 例
多孔水管		洗槽	
P型存水弯		浴缸	
S型存水弯		污水池	
通气帽		洗盆	
检查口		蹲式大便器	
清扫口		坐式大便器	
地漏		小便器	

第四节　室外给水排水平面图的识读方法和步骤

室外给水排水施工图主要是表明房屋建筑的室外给水排水管道、工程设施及其与区域性的给水排水管网、设施的连接和构造情况。室外给水排水施工图一般包括室外给水排水平面图、高程图、纵断面图及详图。对于规模不大的一般工程,则只需平面图即可表达清楚。

一、室外给水排水平面图

室外给水排水平面图是以建筑总平面图的主要内容为基础,表明建筑小区(厂区)或某幢建筑物室外给水排水管道的布置情况的,一般包括以下内容:

(1)建筑总平面图主要是表明地形及建筑物、道路、绿化等平面布置及标高状况的。

(2)该区域内新建和原有给水排水管道及设施的平面布置、规格、数量、标高、坡度、流向等。

(3)当给水和排水管道种类繁多、地形复杂时,给水与排水管道可分系统绘制或增加局部放大图、纵断面图。

二、识读

(1)了解设计说明,熟悉有关图例。

(2)区分给水与排水及其他用途的管道区分原有和新建管道,分清同种管道的不同系统

(3)分系统按给水及排水的流程逐个了解新建阀门井、水表井、消火栓和检查井、雨水口、化粪池以及管道的位置、规格、数量、坡度、标高、连接情况等。

必要时需与室内平面图,尤其是底层平面图及其他室外有关图纸对照识读。下

面以某科研所办公楼为例识读如下如图 4-21 所示。

给水系统:原有给水管道是从东面市政给水管网引入的管中心距离锅炉房 2.5m,管径为 DN75。其上设一水表井 BJ1,内装水表及控制阀门。给水管一直向西再折向南,沿途分设支管分别接入锅炉房(DN50)库房(DN25)试验车间(DN40×2)科研楼(DN32×2)并设置了三个室外消火栓。

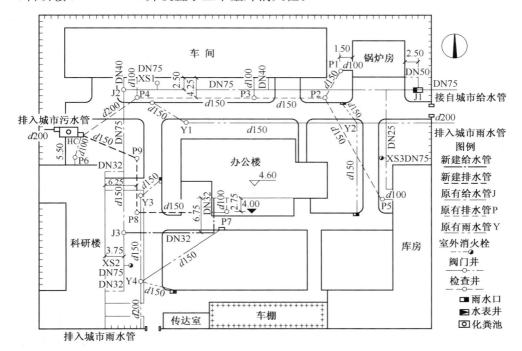

图 4-21　室外给水排水平面图

新建给水管道则是由科研楼东侧的原有给水管阀门井 J3(预留口)接出,向东再向北引入新建办公楼,管径为 DN32,管中心标高 3.10m。

排水系统:根据市政排水管网提供的条件采用分流制,分为污水和雨水两个系统分别排放。其中,污水系统原有污水管道是分两路汇集至化粪池的进水井。

北路:连接锅炉房、库房和试验车间的污水排出管,由东向西接入化粪池(P5、P1－P2－P3－P4－HC).南路:连接科研楼污水排出管向北排入化粪池(P6－H.C)新建污水管道是办公楼污水排出管由南向西再向北排入化粪池(P7－P8－P9－HC)。汇集到化粪池的污水经化粪池预处理后,从出水井排入附近市政污水管。各管段管径、检查井井底标高及管道、检查井、化粪池的位置和连接情况如图 4-21、图 4-22 所示。

雨水系统:各建筑物屋面雨水经房屋雨水管流至室外地面,汇合庭院雨水经路边雨水口进入雨水管道,然后经由两路 Y1－Y2 向东和 Y3－Y4 向南排入城市雨水管。

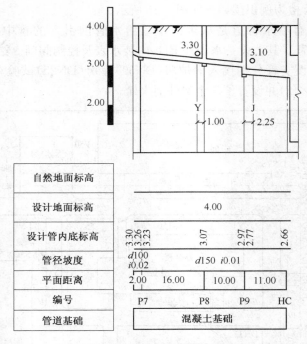

自然地面标高	
设计地面标高	4.00
设计管内底标高	3.30　3.07　2.97　2.66 3.26　　　　2.77 3.23
管径坡度	d100　d150　i0.01 i0.02
平面距离	2.00　16.00　10.00　11.00
编号	P7　P8　P9　HC
管道基础	混凝土基础

图 4-22　排水管道纵断面图

三、制图

（1）选定比例尺，画出建筑总平面图的主要内容（建筑物及道路等）。

（2）根据底层管道平面图，画出各房屋建筑给水系统引入管和污水系统排出管。

（3）根据市政（或新建建筑物室外）原有给水系统和排水系统的情况，确定与各房屋引入管和排出管相连的给水管线和排水管线。

（4）画出给水系统的水表、阀门、消火栓，排水系统的检查井、化粪池及雨水口等。

（5）注明管道类别、控制尺寸（坐标）、节点编号、各建筑物、构筑物的管道进出口位置、自用图例及有关文字说明等。当不绘制给水排水管道纵断面图时，图上应将各种管道的管径、坡度、管道长度、标高等标注清楚。

（6）若给水排水管道种类繁多，系统规模较大，地形比较复杂，则需将给水与排水分系统绘制，并增加局部放大图和纵断面图。所谓局部放大图主要有两类：一类是节点详图，表达管道数量多，连接情况复杂或穿越铁路公路、河渠等障碍物重要地段的放大图。节点详图可不按比例绘制，但节点平面位置应与室外管道平面图相对应；另一类是设施详图，如阀门井、水表井、消火栓、检查井、化粪池等附属构筑物的施工详图，图中管道以双线绘制。有关的设施详图往往有统一的标准图以供选用，一般无须另绘。所谓纵断面图主要表明室外给水排水管道的纵向（长度方向）地面线、管道坡度、管道基础、管道与技术井等构筑物的连接和埋深以及与本管道相关的各种地下管道、地沟等的相对位置和标高。纵断面图的压力管道一般宜用单粗实线绘制,重力管道直用双粗实线绘制。如图 4-22 所示即为新建办公楼室外排水管P7—
P8－P9—HC 的纵断面图,它显示出此段新建排水管各管段的管径、坡度、标高、长
度以及与之交叉的雨水管(标高 3.30m)和给水管(标高 3.10m)的相对位置关系。

第五节　室内给水排水施工图的识读方法和步骤

室内给水排水施工图主要包括给水排水平面图、系统轴测图和详图等。

一、室内给水排水平面图

1. 内容

室内给水排水平面图是表明给水排水管道及设备的平面布置的图纸,主要包括:

(1)各用水设备的平面位置、类型。

(2)给水管网及排水管网的各个干管、立管、支管的平面位置、走向、立管编号和
管道的安装方式(明装或暗装)。

(3)管道器材设备如阀门、消火栓、地漏、清扫口等的平面位置。给水引入
管、水表节点、污水排出管的平面位置、走向及与室外给水、排水管网的连接(底
层平面图)。

(4)管道及设备安装预留洞位置、预埋件、管沟等方面对土建的要求。

2. 制图

(1)平面图的数量和范围。多层房屋的管道平面图原则上应分层绘制,管道系
统布置相同的楼层平面可以绘制一个平面图,但底层平面图仍应单独画出。

底层管道平面图应画出整幢房屋的建筑平面图,其余各层可仅画布置有管道的
局部平面图。

(2)房屋平面图。室内给水排水平面图是在建筑平面图的基础上表明给水排水
有关内容的图纸,因此该图中的建筑轮廓线应与建筑平面图一致。但该图中的房屋
平面图不是用于土建施工,而仅作为管道系统及设备的水平布局和定位的基准。因
此,仅需抄绘房屋的墙身、柱、门窗洞、楼梯、台阶等主要构配件,至于房屋细部、门
扇、门窗代号等均略去。

可采用与建筑平面图相同的比例,如显示不清可放大比例。

图线采用细线绘制。底层平面图要画全轴线,楼层平面图可仅画边界轴线。

(3)卫生器具平面图。卫生器具中的洗脸盆、大便器、小便器等都是工业产品,
不必详细表示,可按规定图例画出;而盥洗台、大便槽。小便槽等是在现场砌筑的,
其详图由建筑专业绘制,在管道平面图中仅需画出其主要轮廓。

卫生器具的图线采用中实线绘制。

(4)管道平面图。管道平面图是用水平剖切平面剖切后的水平投影,然而各种
管道不论在楼面(地面)之上或之下,都不考虑其可见性。亦即每层平面图中的管道
均以连接该层卫生设备的管路为准,而不是以楼地面为分界。如属本层使用但安装

在下层空间的重力管道,均绘于本层平面图上。

一般将给水系统和排水系统绘制于同一平面图上,这对于设计和施工以及对于识读都比较方便。

在底层管道平面图中,各种管道要按照系统编号。系统的划分视具体情况而异,水管道以每一引入管为一个系统;排水管道以每一排出管为一排水系统。

由于管道的连接一般均采用连接配件,往往另有安装详图,平面图及系统图中管道连接均为简略表示,具有示意性。

(5)尺寸标注。房屋的水平方向尺寸一般只需在底层管道平面图中注出轴线尺寸,另外要注出地面标高(底层平面还需注出室外地面整平标高)。

卫生器具和管道一般都是沿墙靠柱设置的,不必标注定位尺寸(一般在说明中写明),必要时,以墙面或柱面为基准标出。卫生器具的规格可在施工说明中写明。

管道的管径、坡度和标高均标注在管道系统图中,在管道平面图中不必标注。

(6)绘图步骤。描绘"建筑施工图"的建筑平面图(有关部分)及卫生器具平面图。画出给水排水管道平面图。标注尺寸、标高、系统编号等,注明有关文字说明及图例。

二、室内给水排水系统图

1. 内容

室内给水排水系统图是根据各层给水排水平面图中管道及用水设备的平面位置和竖向标高用正面斜轴测投影绘制而成的。它表明室内给水管线和排水管线上下层之间,左右前后之间的空间关系。该图注有各管径尺寸、立管编号、管道标高和坡度,并标明各种器材在管道上的位置。把系统图与平面图对照阅读可以了解整个室内给水排水管道系统的全貌。

2. 绘制

(1)轴向选择。管道系统图一般采用正面斜等测投影绘制,亦即 OX 轴处于水平位置,OZ 轴铅垂,OY 轴一般与水平线成 45°夹角,三轴的变形系数都是 1。

管道系统图的轴向要与管道平面图的轴向一致,亦即 OX 轴与管道平面图的长度方向一致,OY 轴与管道平面图的宽度方向一致。

根据轴测投影的性质,在管道系统图中,与轴向或 XOZ 坐标面平行的管道反映实长,与轴向或 XOZ 坐标面不平行的管道不反映实长。

(2)比例。管道系统图一般采用与管道平面图相同的比例绘制,管道系统复杂时亦可放大比例或不按比例。

当采取与平面图相同的比例时,绘制轴测图比较方便,OX 和 OY 轴向的尺寸可直接从平面图上量取,OZ 轴向的尺寸可依层高和设备安装高度量取(设备安装高度可参见卫生设备施工安装详图)

(3)管道系统。各管道系统图符号的编号应与底层管道平面图中的系统编号一致。管道系统图一般应按系统分别绘制,这样就可避免过多的管道重叠和交叉。

管道的画法与平面图的画法一样,给水管道采用粗实线,排水管道用粗虚线,管道器材用图例表示,卫生器具省略不画。

当空间交叉的管道在图中相交时,在相交处将被挡的后面或下面的管线断开。

当各层管线布置相同时,不必层层重复画出,而只需在管道省略折断处标注"同某层"即可。管道连接的画法具有示意性。

当管道过于集中,无法画清楚时,可将某些管段断开,移至别处画出,在断开处给以明确的标记。

(4)房屋构件位置关系的表示。为了反映管道和房屋的联系,在管道系统图中还要画出被管道穿过的墙、地面、楼面、屋面的位置,这构件的图线用细实线画出,构件剖面的方向按所穿越管道的轴测方向绘制,其表示方法如图4-23所示。

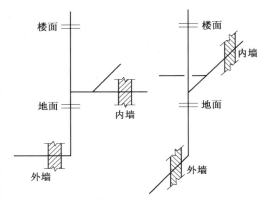

图4-23 管道与房屋构件位置关系表示方法

(5)尺寸标注。

①管径。管道系统中所有管段均需标注管径,当连续几段管段的管径相同时可仅注其中两端管段的管径,中间管段可省略不注。

②坡度。凡有坡度的横管都要注出其坡度,坡度符号的箭头应指向下坡方向。当排水横管采用标准坡度时,图中可省略不注,而在施工说明中写明。

③标高。管道系统图中标注的标高是相对标高,即以底层室内地坪为±0.000m。在给水管道系统图中,标高以管中心为准,一般要注出横管、阀门、放水龙头和水箱各部位的标高。在排水管道系统图中,横管的标高一般由卫生器具的安装高度和管件尺寸所决定,所以不必标注,必要时架空管道可标注管中心标高,但图中应加说明,对于检查口和排出管起点(管内底)的标高均需标出。此外,还要标注室内地面、室外地面、各层楼面和屋面等的标高。标高符号可略小于"国标"规定,其高一般采用2~2.5mm。

(6)图例。管道平面图和系统图应列出统一图例,其大小要与图中的图例大小相同。

(7)绘图步骤。管道系统图应参照管道平面图按管道系统编号分别绘制。先画立管;然后依次画立管上的各层地面线、屋面线、给水引入管或污水排出管、通气管、给水引入管或污水排出管所穿越的外墙位置,从立管上引出各横管,在横管上画出用水设备的给水连接支管或排水承接支管;再画出管道系统上的阀门、龙头、检查口等器材,最后标注管径、标高、坡度、有关尺寸及编号等。

三、平面图和系统图的识读

(1)熟悉图纸目录,了解设计说明,在此基础上将平面图与系统图联系对照识读。

(2)应按给水系统和排水系统分系统分别识读,在同类系统中应按编号依次识读。

①给水系统根据管网系统编号,从给水引入管开始沿水流方向经干管、立管、支管直至用水设备,循序渐进。

②排水系统根据管网系统编号,从用水设备开始沿排水方向经支管、立管用出管到室外检查井,循序渐进。

③在施工图中,对于某些常见部位的管道器材、设备等细部的位置、尺寸和构造要求,往往是不加说明的,而是遵循专业设计规范、施工操作规程等标准进行施工的,读图时欲了解其详细做法,尚需参照有关标准图集和安装详图。

四、识读实例

下面以某科研所办公楼为例进行识读,如图 4-24、图 4-25、图 4-26 所示。

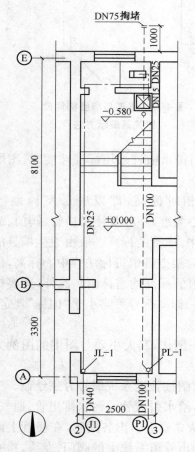

图 4-24　首层给水排水平面图

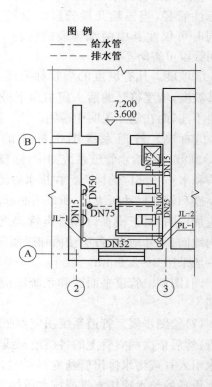

图 4-25　二、三层给水排水平面图

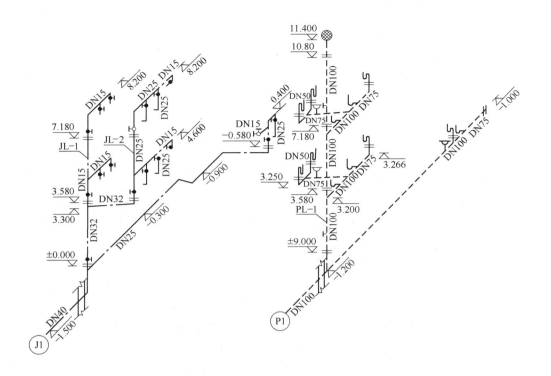

图 4-26 给水和排水管道系统图

1. 平面图

（1）看懂各层平面中哪些房间布置有卫生器具，是否有管道通过，它们是如何布置的，这些房间的楼地面标高是多少。

由图可知，在该办公楼的三层中均设有厕所（其他房间无给水排水设施）。一层厕所位于楼梯平台之下，内设大便器一个，厕所外设一污水池。二、三层厕所位于楼梯对面，内设大便器两个、污水池一个、小便斗两个，均沿内墙顺次布置。一层厕所地面标高为—0.580m，二、三层厕所地面标高分别为 3.580m 和 7.180m（均较本层地面低 0.020m）。

（2）看懂有几个管道系统。根据底层管道平面图的系统索引符号可知给水系统有 J1，排水系统有 P1。

2. 系统图

（1）给水系统首先与底层平面图配合找出 J1 管道系统的引入管。由图可知，引入管 DN40 是由轴线②处进入室内，于标高—0.30m 处分为两支，其中一支 DN25 入一层厕所，出地面后设一控制阀门，然后在距地面 0.80m 处接出横支管至污水池上安装水龙头一个，在立管距地面 0.98m 处接出横支管至大便器上并安装冲洗阀门和冲洗管。另一支管 DN32 穿出底层地面沿墙直上供上层厕所,立管 DN32 在穿越二层楼面之前于标高 3.300m 处再分两支,其中一支沿外墙内侧接出水平横管 DN32 至轴线③处墙角向上穿越二、三层楼面,分别接出水平支管安装便器冲洗管和污水池水龙头,在每层立管上均设有控制阀门;另一支管 DN15 沿原立管向上穿越二、三层楼面,分别接出水平支管安装小便斗,小便斗连接支管和每层立管上均设有控制阀门。

(2)排水系统配合底层平面图可知本系统有一排出管 DN100 在轴线③处穿越外墙接出室外,一层厕所通过排水横管 DN100 接入排出管,二、三层厕所通过排水立管 PL1 接入排出管,立管 PL1 DN100 位在轴线③与Ⓐ的墙角处(可在各层平面图的同一位置找到)。二、三层厕所的地漏和小便斗(通过存水弯)由横管 DN75 连接,并排入连接污水池和大便器(通过存水弯)的横管 DN100,然后排入立管 PL1。各层的污水横管均设在该层楼面之下。立管 PL1 上端穿出屋面的通气管的顶端装有铅丝球。在一层和三层距地面 1m 处的立管上各装一检查口。由于一层厕所距排出管较远,排水横管较长,放在排水横管另端设一掏堵,以便于清通。

五、建筑给水排水详图

在以上所介绍的室内和室外给水排水施工图中,无论是平面图、系统图,都只是显示了管道系统的布置情况,至于卫生器具、设备的安装,管道的连接、敷设,尚需绘制能供具体施工的安装详图。

详图要求详尽、具体、明确,视图完整,尺寸齐全,材料规格注写清楚,并附必要的说明。详图采用比例较大,可按前述规定选用。

当各种管道穿越基础、地下室、楼地面、屋面、梁和墙等建筑构件时,其所需预留孔洞和预埋件的位置及尺寸,均应在建筑结构施工图中明确表示,而管道穿越构件的具体做法需以安装详图表示,如图 4-27 所示即为管道穿墙的一种做法。

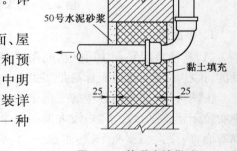

图 4-27 管道穿墙做法

一般常用的卫生器具及设备安装详图,可直接套用给水排水国家标准图集或有关的详图图集,而无须自行绘制。选用标准图时,只需在图例或说明中注明所采用图集的编号即可。对不能套用的则需自行绘制详图。现以洗脸盆、污水池安装详图和排水检查并设施详图为例供参阅,如图 4-28、图 4-29、图 4-30 所示。

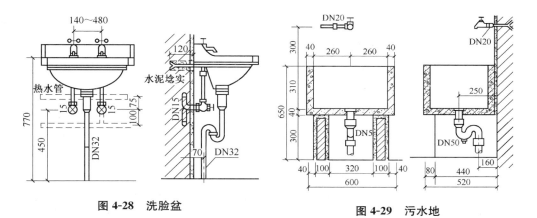

图 4-28 洗脸盆

图 4-29 污水地

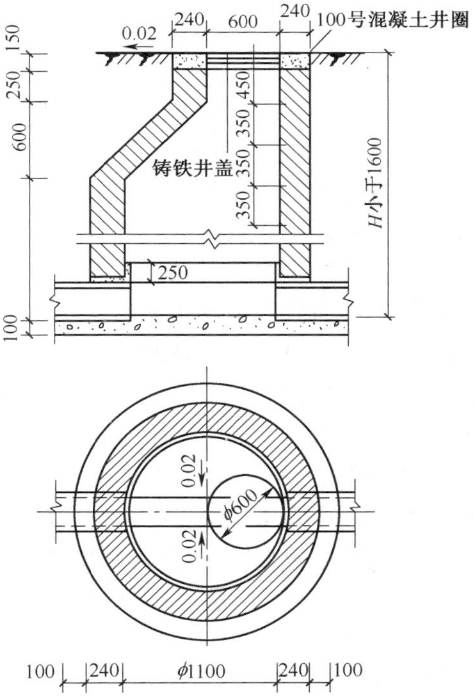

图 4-30 检查井

第五章　暖通施工图

第一节　采暖施工图的基本知识

一、采暖施工图的一般常识

采暖(供热)是北方房屋建筑需要装置的设备供热采暖是冬季对室内空气加热,以补充向外传热,用来维持空气环境的温度的一种措施。保证人们正常生活和生产活动。

通风装置是随着社会生产的发展和人民生活的提高,在房屋建筑中开始逐步采用的设施。因此采暖工程的施工和通风工程的安装,都有一套施工图作为安装的依据。采暖工程是安装供给建筑物热量的管路、设备等系统的工程。

采暖根据供热范围的大小分为局部采暖,集中采暖和区域采暖,以热媒不同又分为水暖(将水烧热来供热),气暖(将水烧成蒸气来供热)。热源(锅炉)将加热的水或气通过管道送到建筑物内,通过散热器散热后,冷却的水又通过管道返回热源处,进行再次加热,以此往复循环。采暖布管的方法一般有 4 种形式:

①上行式。即热水主管在上边,位置在顶棚高度下面一点。

②下行式。即供热主管走在下边的,位置在地面高度上面一点。

③单立式。即热水管和回水管是用 1 个立管的。

④双立式。即热水管和回水管分别在 2 个管子中流动。双立式和下行式一般比较常用。

另一种常用的采暖方式是地板辐射供暖。地板辐射供暖按敷设材质和发热媒介的不同可分为低温热水地板辐射供暖和发热电缆地板辐射供暖两种。低温热水地板辐射供暖是以不高于 60℃热水作为热媒,将加热管埋设在地板中的供暖方式。热水管道采用的管材有:交联铝塑复合管、聚丁烯管、交联聚丁烯管、无规共聚聚丙烯管等。发热电缆地板辐射供暖是将发热电缆埋设在地板下,利用电力加热地面垫层而供暖。与低温热水地板辐射供暖相比,发热电缆直接发热传递热量,它集热源和终端为一体,具有施工方便、运行简单的优势。但是需要电力增容问题,在电量充足的情况下,尤其在有低谷电价的条件下,可以考虑采用这一方式。如图 5-1 所示为地板辐射供暖的地板垫层做法示意图。

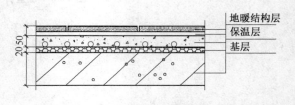

图 5-1　地暖垫层做法示意图

　　热风采暖适用于大型工业厂房以及耗热量大的建筑物,间歇使用的房间和有防火防爆要求的车间。热风采暖是比较经济的采暖方式之一,具有热惰性小、升温快、设备简单、投资省等优点。热风采暖的形式有:集中送风、管道送风、悬挂式、和落地式暖风机等。

二、采暖外线图一般常识

　　暖气外线的敷设方式分为两种:地上敷设和地下敷设。地下敷设又分为地沟敷设和无沟直埋。

1. 地上敷设适用于以下情况:

(1)多雨地区、地下水位高、采用有效防水措施不经济时。

(2)湿陷性大孔土或具有较强腐蚀性地段。

(3)地形复杂、标高相差大、土石方工程量大或地下障碍很多且管道种类较多时。

(4)压力大于 2.2MPa、温度大于等于 350℃的蒸汽管道。

2. 地下敷设适用于以下情况:

(1)在寒冷地区且间歇运行,因散热损失大,难以确保介质参数要求时。

(2)在城区对环境美观要求,不允许地上敷设时。

(3)城市规划不允许地上敷设不经济时。

　　一般城市外线大多要用地下敷设方式。暖气沟和直埋方式都是工程种常用的外线施工方案。暖气沟作为架设管道的通道,并埋在地下起到防护、保温作用。图上一般将暖气沟用虚线表示出轮廓和位置,具体做法一般土建图上均有。暖气管道则用粗线画出,一条为供热管线用实线表示,一条为回水管线用虚线表示。

　　如图 5-2 所示可以看到锅炉房(热源)的平面位置,及供热建筑 1 座研究楼 2 栋住宅 1 个会堂。平面图上还表示出暖气沟的位置尺寸,暖沟出口及入口位置。还有供管线膨胀的膨胀穴。图上还绘有暖沟横剖面的剖切位置。

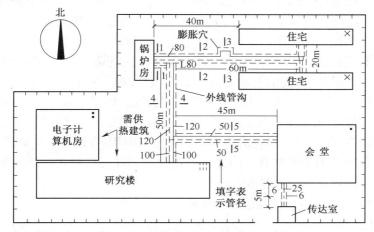

图 5-2　总平面图

3. 无沟直埋敷设方式有三种：

(1)直埋有补偿,补偿器处设局部地沟。

(2)直埋无补偿,又分为预热和不预热两种。

(3)直埋一次性补偿,设波纹管膨胀节或套管式补偿器。

三、通风空调工程的一般常识

人们所处的空气环境对人和物都有很大的影响。季节和天气的不同可以使人汗流如雨或冷得发抖;也可以因为干燥或潮湿使物品发生变质。在长期的生产和生活实践中,人们为了创造具有一定的空气温度和湿度,保持清新的空气环境,使人们能正常生活和劳动,采用自然的或人工的方法来调节空气。

房屋建筑上的窗户,起到调节空气的作用,这是一种自然空气流通的办法来调节空气。而当建筑物本身的功能已不能够解决这个问题时,如纺织厂的纺织车间,对空气要求有一定的温湿度;电子工业车间对空气要求控制含尘量,这些就要在建筑物内增加设备的措施来调节空气了。这些建筑设备就是包括前面讲过的供热和下面要讲的通风和空气调节。

通风是把空气作为介质,使之在室内的空气环境中流通,用来消除环境中的危害的一种措施。主要指送风、排风、除尘、排毒方面的工程。

空调是在前两者的基础上发展起来的,是使室内维持一定要求的空气环境,包括恒温、恒湿和空气洁净的一种措施。由于空调也要用流动的空气—风来作为媒介,因此往往把通风和空调笼统为一个东西了。事实上空调比通风更复杂些,它要把送入室内的空气净化、加热(或冷却)、干燥、加湿等各种处理,使温、湿度和清洁度都达到要求的规定内。通风工程按照动力的不同,可分为自然通风和机械通风。前面所说的房屋的外窗就是自然通风,它是依靠风压、热压使空气流通,具有不使用动力的特点。机械通风是进行有组织通风的主要手段。

空调工程根据空调的目的,分为舒适性和工艺性空调。舒适性空调的作用是维持室内空气具有合适的状态,使室内人员处于舒适状态,以保证良好的工作条件和生活条件。工艺性空调的作用是满足生产工艺过程对空气状态的要求,以保证生产过程得以顺利进行。工艺性空调可分为一般降温性空调、恒温恒湿空调和净化空调。降温性空调对温、湿度的要求是夏季工人操作时手不出汗,不是产品受潮。因此,一般只规定温度或湿度的上限,不注明空调精度。恒温恒湿空调室内空气的温、湿度基数和精度都有严格的要求,如某些计量室,室温要求全年保持在 $20℃+1℃$,相对湿度保持 $50\%+5\%$。净化空调不仅对空气温、湿度提出一定要求,而且对空气中所含尘粒的大小和数量有严格要求。各种工艺性空调对生产环境要求的具体规定详见相应的行业标准及国家规范。

1. 按空调处理设备的位置情况来分类

(1)集中系统。集中进行空气的处理、输送和分配。其主要的系统形式为:单风管系统,双风管系统,变风量系统。

（2）半集中系统。除了有集中的中央空调器外,半集中空调系统还设有分散在各被调房间内的二次设备(又称末端装置)。其主要的系统形式为:末端再热式系统,风机盘管机组系统。

（3）分散系统。每个房间的空气处理分别由各自的整体式空调机组承担。其主要的系统形式为:单元式空调器系统,窗式空调器系统,分体式空调器系统。

2. 按负担室内负荷所用的介质种类来分类

（1）全空气系统。是指空调房间的室内负荷全部由经过处理的空气来负担的空调系统。其主要的系统形式为:一次回风系统,二次回风系统。

（2）全水系统。空调房间的热、湿负荷全靠水作为冷、热介质来负担,这种系统一般不单独使用。其主要的系统形式为:风机盘管机组系统。

（3）空气一水系统。空调房间的热、湿负荷同时用经过处理的空气和水来负担的空调系统。其主要的系统形式为:新风加冷辐射吊顶空调系统,风机盘管机组加新风空调系统。

（4）制冷剂系统。是将制冷系统的蒸发器直接设置在室内来承担空调房间热、湿负荷的空调系统。其主要的系统形式为:单元式空调器系统,窗式空调器系统,分体式空调器系统。

第二节　采暖施工图的识读方法和步骤

一、采暖通风空调工程识图图例

1. 线型

（1）粗实线。采暖供水、供汽干管、立管,风管及部件轮廓线。

（2）中实线散热器及散热器连接支管线,采暖、通风设备轮廓线。

（3）细实线。平、剖面图中土建构造轮廓线,尺寸、图例、标高、引出线等。

（4）粗虚线。采暖回水管、凝结水管,非金属风道(砖、混凝土风道)。

（5）中虚线。风管被遮挡部分的轮廓线。

（6）细虚线。原有风管轮廓线,采暖地沟轮廓线,工艺设备被遮挡部分轮廓线。

（7）细点画线。设备、风道及部件中心线,定位轴线。

（8）细双点画线。工艺设备外轮廓线。

（9）折断线、波浪线。同建筑图。

2. 比例

绘图时应根据图样的用途和被绘物体的复杂程度优先选用常用的比例,特殊情况允许选用可用比例。图样的比例见表5-1。

表 5-1 图样的比例

图 名	常 用 比 例	可 用 比 例
总平面图	1∶500 1∶1000	1∶1500
总图中管道断面图	1∶50 1∶100 1∶200	1∶150
平、剖面图及放大图	1∶20 1∶50 1∶100	1∶30 1∶40 1∶50 1∶200
详图	1∶1 1∶2 1∶5 1∶10 1∶20	1∶3 1∶4 1∶15

3. 图例

图样中的图例见表 5-2。

表 5-2 图例

序号	名称	图例	说明	序号	名称	图例	说明
1	管道	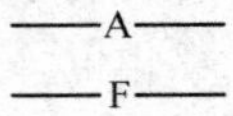 —A— —F—	用汉语拼音字头表示管道类别	14	闸阀		
2	采暖 供水(汽)管 回(凝结)水管	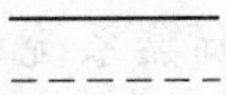	用图例表示管道类别	15	止回阀		
3	保温管			 16	安全阀		
4	软管			 17	减压阀		左侧:低压 右侧:高压
5	方形伸缩器			18	散热放风门		
6	套管伸缩器			 19	手动排气阀		
7	波形伸缩器			 20	自动排气阀		
8	球形伸缩器			 21	疏水器	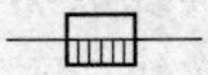	
9	流向			 22	散热器三通阀		
10	丝堵			 23	散热器	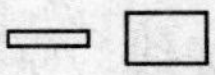	右图:平面 右图:立面
11	滑动支架			24	集气罐	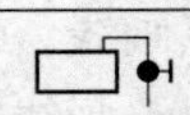	
12	固定支架	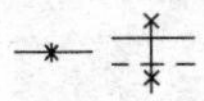	左图:单管 右图:多管	25	除污器	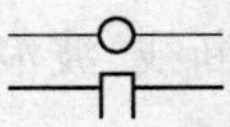	上图:平面 下图:立面
13	截止阀			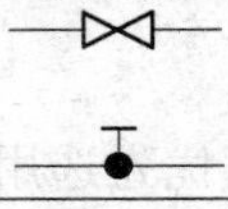 26	暖风机	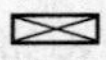	

续表 5-2

序号	名称	图例	说明	序号	名称	图例	说明
27	风管	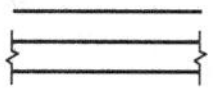		31	蝶阀	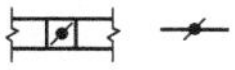	
28	送风口	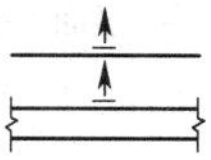		32	风管止回阀	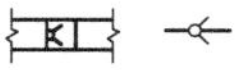	
29	回风口	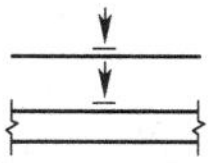		33	防火阀		
30	插板阀	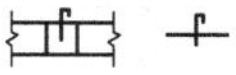	本图例也适用于斜插板	34	风机		流向：自三角形的底边至顶点

4. 制图的基本规定

(1)图纸目录、设计施工说明、设备及主要材料表等,如单独成图时,其编号应排在其他图纸之前,编排顺序应为图纸目录、附施工说明、设备及主要材料表等。

(2)图样需要的文字说明,宜以附注的形式放在该张图纸的右侧,并以阿拉伯数字编号。

(3)当一张图纸内绘制有几种图样时,图样应按平面图在下,剖面图在上,系统图和安装图在右的顺序进行布置。如无剖面图,就可将系统图绘在平面图的上方。

(4)图样的命名应能表达图样的内容。

二、采暖工程图的规定画法

1. 标高与坡度

(1)需要限定高度的管道,应标注相对标高。

(2)管道应标注管中心标高,并应标在管段的始端或末端。

(3)散热器宜标注底标高,同一层、同一标高的散热器只标右端的一组。

数字

(4)坡度用单面箭头表示,数字表示坡度,箭头表示坡向下方,如图 5-3 所示。

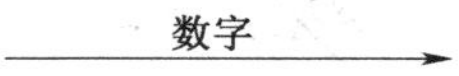

图 5-3　坡度表示法

2. 管道转向、连接、交叉

管道转向、连接、交叉表示法如图 5-4 所示。

3. 管径标注

(1)焊接钢管应用公称直径"DN"表示,如 DN32、DN15。无缝钢管应用外径乘以壁厚表示,如 D114×5。

(2)管径尺寸标注的位置如图 5-5 所示。

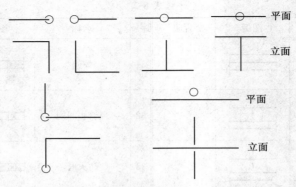

图 5-4 管道转向、连接、交叉表示法

①管径变径处。

②水平管道的上方。

③斜管道的斜上方。

④竖管道的左侧可另找适当位置标注,但应用引出线示意该尺寸与管段。

⑤当无法按上述位置标注时,可用引出线示意该尺寸与管段的关系。

(3)同一种管径的管道较多时,可不在图上标注管径尺寸,但应在附注中说明。

(4)编号。

①采暖立管编号:L 表示采暖立管代号,n 表示编号,以阿拉伯数字表示,如图5-6所示。

②采暖入口编号:R 表示采暖入口代号,n 表示编号,以阿拉伯数字表示,如图5-7所示。

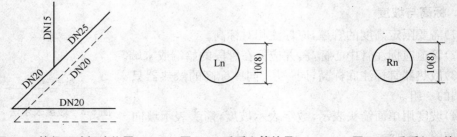

图 5-5 管径尺寸标注位置　　**图 5-6 采暖立管编号**　　**图 5-7 采暖入口编号**

三、室内采暖工程图

室内采暖工程包括采暖管道系统和散热设备。室内采暖工程图则分为平面图、系统图及详图。

1. 平面图

(1)内容。室内采暖平面图是表示采暖管道及设备平面布置的图纸。主要内容有:

①散热器平面位置、规格、数量及安装方式(明装或暗装)。

②采暖管道系统的干管、立管、支管的平面位置、走向、立管编号和管道安装方式(明装或暗装)。

③采暖干管上的阀门、固定支架。补偿器等的平面位置。

④与采暖系统有关的设备,如膨胀水箱、集气罐(热水采暖)、疏水器的平面位置、规格、型号以及设备连接管的平面布置。

⑤热媒入口及入口地沟情况,热媒来源、流向及与室外热网的连接。

⑥管道及设备安装所需的留洞、预埋件、管沟等方面与土建施工的关系和要求。

(2)制图。

1)平面图的数量。多层房屋的管道平面图原则上应分层绘制,管道系统布置相同的楼层平面可绘制一个平面图。

2)采暖专业所表示的建筑部分,原则上应按建筑图抄绘。但该图中的房屋平面图不是用于土建施工,而仅作为管道系统及设备的水平布局和定位的基准,因此仅需抄绘房屋的墙身、柱、门窗洞、楼梯、台阶等主要构配件,至于房屋细部和门窗代号等均可略去。同时,房屋平面图的图线也一律简化为用细线(0.35b)绘制。底层平面图要画全轴线,楼屋平面图可只画边界轴线。

3)散热器等主要设备及部件均为工业产品,不必详细画出,可按所列图例表示,采用中、细线(0.5b、0.35b)绘制。

散热器的规格及数量标注如下:

①柱式散热器只注数量;

②圆翼形散热器应注根数、排数;

③光管散热器应注管径、长度、排数;

④串片式散热器应注长度、排数。

⑤散热器的规格、数量标注在本组散热器所靠外墙的外侧,远离外墙布置的散热器直接标注在散热器的上侧(横向放置)或右侧(竖向放置)。

4)管道系统的平面图是在管道系统之上水平剖切后的水平投影,按正投影法绘制的。然而各种管道不论在楼地面之上或之下,都不考虑其可见性问题,仍按管道类型以规定线形和图例画出。管道系统一律用单线绘制。

5)尺寸标注:房屋的平面尺寸一般只需在底层平面图中注出轴线间尺寸,另外要标注室外地面的整平标高和各层地面标高。管道及设备一般都是沿墙设置的,不必标注定位尺寸。必要时,以墙面和柱面为基准标出。采暖入口定位尺寸应由管中心至所邻墙面或轴线的距离。管道的管径、坡度和标高都标注在管道系统图中,平面图中不必标注。管道的长度在安装时以实测尺寸为依据,故图中不予标注。

6)绘图步骤:

①抄绘土建图底的建筑平面图(有关部分)。

②画出采暖设备平面。

③画出由干管、立管、支管组成的管道系统平面图。

④标注尺寸、标高、管径、坡度、标注系统和立管编号以及有关图例,文字说明等。

2. 系统图

(1)内容。室内采暖系统图是根据各层采暖平面中管道及设备的平面位置和竖向标高,用正面斜轴测或正等测投影法以单线绘制而成的。它表明以采暖入口至出口的室内采暖管网系统、散热设备。主要附件的空间位置和相互关系。该图注有管径、标高、坡度、立管编号、系统编号以及各种设备、部件在管道系统中的位置。把系统图与平面图对照阅读,可以了解整个室内采暖系统的全貌。

(2)制图。

1)轴向选择。

2)采暖系统图宜用正面斜轴测或正等轴测投影法绘制。当采用正面斜轴测投影法时,OX轴处于水平,OZ轴竖直,OY轴与水平线夹角选用45°或30°三轴的变形系数都是1。

3)采暖系统图的轴向要与平面图的轴向一致,亦即OX轴与平面图的长度方向一致,OY轴与平面图的宽度方向一致。

4)根据轴测投影的性质,凡与轴向平行或与XOZ坐标面平行的管道,在系统图中反映实长,不平行者不反映实长。

5)比例画法:

①系统图一般采用与相对应的平面图相同的比例绘制。当管道系统复杂时,亦可放大比例。

②当采取与平面图相同的比例时,绘制系统图比较方便,水平的轴向尺面图上量取,竖直的轴向尺寸,可依层高和设备安装高度量取。

③管道系统:

a. 采暖系统图中管道系统的编号应与底层采暖平面图中的系统索引符号的编号一致。

b. 采暖系统按管道系统分别绘制,这样可避免过多的管道重叠和交叉。

c. 管道的画法与平面图一样,采暖管道用粗实线,回水管道用粗虚线,设备及部件均用图例表示,以中、细线绘制。

④空间交叉的管道在图中相交时,在相交处将被挡的后面或下面的管线断开。

⑤当管道过于集中,无法画清楚时,可将某些管段断开,引出绘制,相应的断开处宜用相同的小写拉丁字母注明。

⑥具有坡度的水平横管无须按比例画出其坡度,而仍以水平线画出,但应注出其坡度或另加说明。

(3)管道与房屋构件位置关系的表示方法(参见本书有关章节)。

(4)尺寸标注:

①管径:管道系统中所有管段均需标注管径,当连续几段的管径都相同时,可仅注其两端管段的管径。

②坡度:凡横管均需注出(或说明)其坡度。

③标高:系统图中的标高是以底层室内地面。±0.000m 为基准的相对标高。除注明管道及设备的标高外,尚需标明室内外地面,各层楼面的标高。

④散热器规格、数量的标注:柱式、圆翼形散热器的数量,注在散热器内;光管式、串片式散热器的规格、数量,应注在散热器的上方。

(5)管道与散热器连接的表示方法,见表5-3。

表5-3 管道与散热器连接的画法

系统形式	楼层	平 面 图	轴 测 图
单管垂直式	顶层	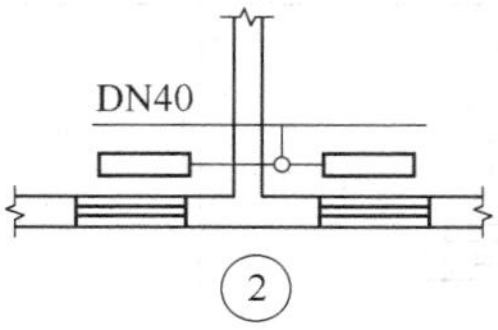	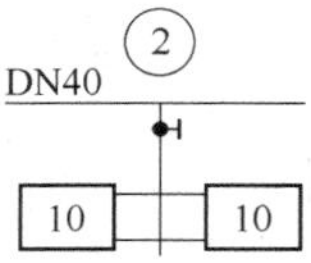
单管上供下回	中间层	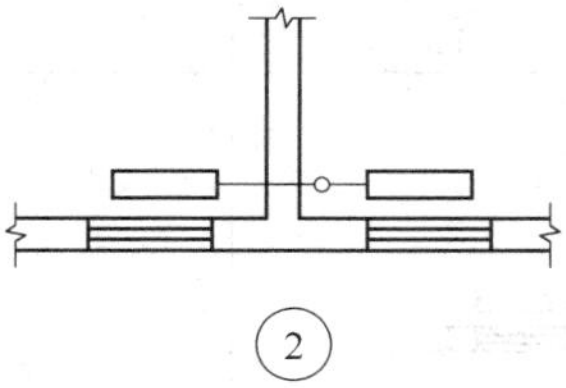	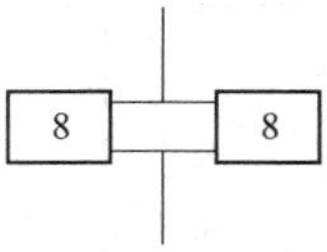
	底层	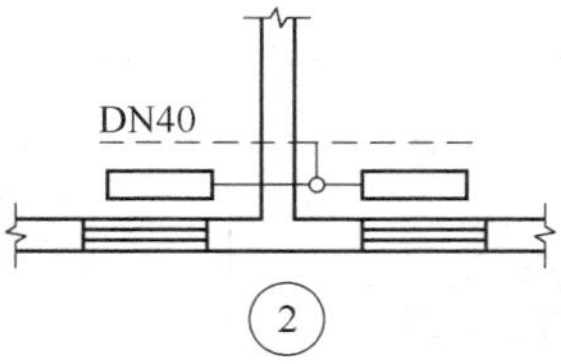	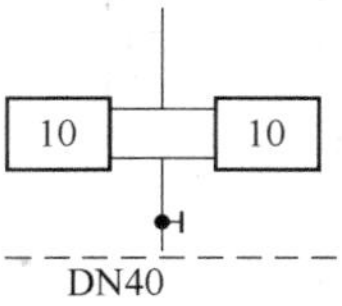
双管上供下回	顶层	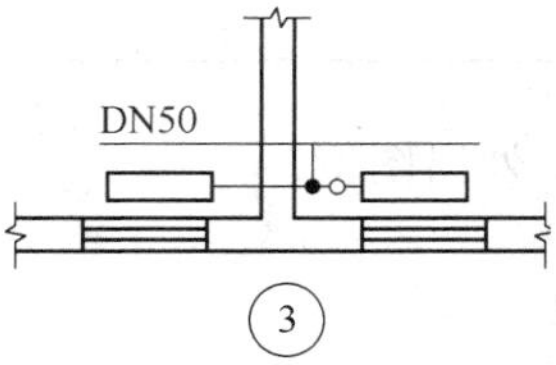	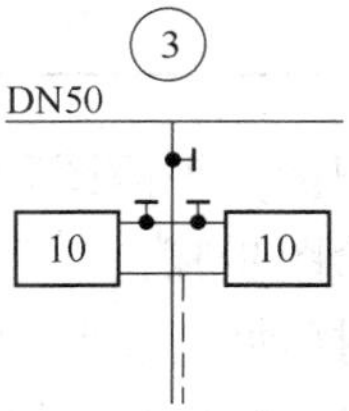
	中间层	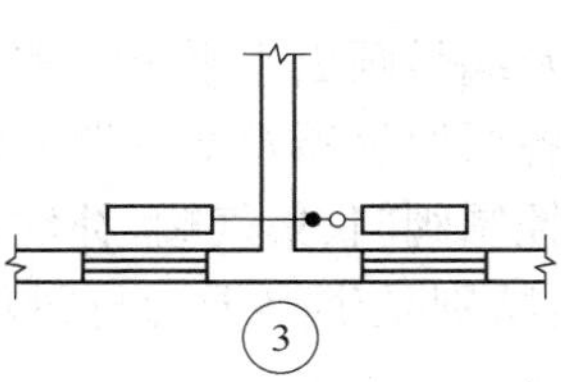	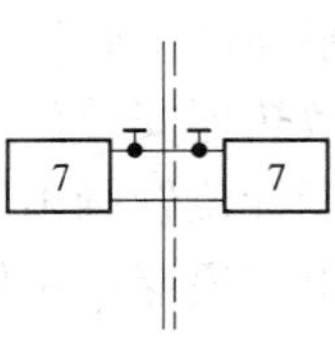

续表 5-3

系统形式	楼层	平 面 图	轴 测 图
双管上供下回	底层	DN50 ③	9 9 DN50
双管下分式	顶层	⑤	5 10 10
	中间层	⑤	7 7
	底层	DN40 DN40 ⑤	9 9 DN40 DN40

（6）图例。平面图和系统图应统一列出图例。

（7）绘图步骤：

①选择轴测类型，确定轴测轴方向。

②按比例画出建筑楼层地面线。

③按平面图上管道的位置依系统及编号画出水平干管和立管。

④依散热器安装位置及高度画出各层散热器及散热器支管。

⑤按设计位置画出管道系统中的控制阀门、集气罐、补偿器、固定卡、疏水器等。

⑥画出管道穿越房屋构件的位置，特别是供热干管与回水干管穿越外墙和立管穿越楼板的位置。

⑦画出采暖入口装置或另作详图表示。

⑧标注管径、标高、坡度、散热器规格、数量、有关尺寸以及管道系统、立管编号等。

3. 平面图与系统图的识读

识读室内采暖工程图需先熟悉图纸目录，了解设计说明，了解主要的建筑图（总平面图及平、立、剖面图）及有关的结构图，在此基础上将采暖平面图和系统图联系对照识读，同时再辅以有关详图配合识读。

（1）对图纸目录和设计说明的要求。

1）熟悉图纸目录。从图纸目录中可知工程图样的种类和数量，包括所选用的标准图或其他工程图样，从而可粗略得知工程的概貌。

2）了解设计和施工说明，它一般包括：设计所使用的有关气象资料、卫生标准、热负荷量、热指标等基本数据。采暖系统的形式、划分及编号。

还包括：

①统一图例和自用图例符号的含义。

②图中未加表明或不够明确而需特别说明的一些内容。

③统一做法的说明和技术要求。

（2）平面图的识读明确室内散热器的平面位置、规格、数量以及散热器的安装方式（明装、暗装或半暗装），散热器一般布置在窗台下，以明装为多，如为暗装或半暗装就一般都在图纸说明中注明。散热器的规格较多，除可依据图例加以识别外，附在施工说明中均有注明。散热器的数量均标注在散热器旁，这样就可一目了然。

①了解水平干管的布置方式。识读时需注意干管是敷设在最高层、中间层还是在底层，以了解采暖系统是上分式、中分式或下分式的水平系统。在底层平面图上还会出现回水干管或凝结水干管（虚线），识图时也要注意。此外，还应搞清干管上的阀门、固定支架、补偿器等的位置、规格及安装要求等。

②过立管编号查清主管系统数量和位置。

③了解采暖系统中，膨胀水箱、集气罐（热水采暖系统），疏水器（蒸汽采暖系统）等设备的位置、规格以及设备管道的连接情况。

④查明采暖入口及入口地沟或架空情况。当采暖入口无节点详图时，采暖平面图中一般将入口装置的设备如控制阀门、减压阀、除污器、疏水器、压力表、温度计等表达清楚，并注明规格、热媒来源、流向等。若采暖入口装置采用标准图，则可按注明的标准图号查阅标准图。当有采暖入口详图时，可按图中所注详图编号查阅采暖入口详图。

（3）系统图的识读。

①按热媒的流向确认采暖管道系统的形式及其连接情况，各管段的管径、坡度、坡向，水平管道和设备的标高以及立管编号等。采暖管道系统图完整表达了采暖系统的布置形清楚地表明了干管与立管以及立管、支管与散热器之间的连接方式。散热器支管有一定的坡度，其中，供水支管坡向散热器，回水支管则坡

向回水立管。

②了解散热器的规格及数量。当采用柱形或翼形散热器时，要弄清散热器的规格与片数(以及带脚片数)。当为光滑管散热器时，要弄清其型号、管径、排数及长度。当采用其他采暖设备时，应弄清设备的构造和标高(底部或顶部)。

③注意查清其他附件与设备在管道系统中的位置、规格及尺寸，并与平面图和材料表等加以核对。

(4)查明采暖入口的设备、附件、仪表之间的关系等。热媒来源、流向、坡向、标高、管径等如有节点详图，则要查明详图编号，以便查阅。

(5)识读举例。如图 5-8 至图 5-11 所示是某科研所办公楼采暖工程施工图，它包括平面图(首层、二层和三层)和系统图。该工程的热水(95℃～70℃)，由锅炉房通过室外架空管道集中供热。管道系统的布置方式采用上行下给单管同程式系统。供热干管敷设在顶层顶棚下，回水干管敷设在底层地面之上(跨门部分敷设在地下管沟内)。散热器采用四柱 813 型，均明装在窗台之下。供热干管从办公楼东南角标高 3.000m 处架空进入室内，然后向北通过控制阀门沿墙布置至轴线①和③的墙角处抬头，穿越楼层直通顶层顶棚下标高 10.20m 处，由竖直而折向水平，向西环绕外墙内侧布置，后折向南再折向东形成上行水平干管，然后通过各立管将热水供给各层房间的散热器。所有立管均设在各房间的外墙角处，通过支管与散热器相连通，经散热器散热后的回水，由敷设在地面之上沿外墙布置的回水干管自办公楼底层东南角处排出室外，通过室外架空管道送回锅炉房。采暖平面图表达了首层、二层和三层散热器的布置状况及各组散热器的片数。三层平面图表示出供热干管与各立管的连接关系；二层平面图只画出立管、散热器以及它们之间的连接支管，说明并无干管通过；底层平面图表示了供热干管及回水干管的进出口位置、回水干管的布置及其与各立管的连接。从采暖系统图可清晰地看到整个采暖系统的形式和管道连接的全貌，而且表达了管道系统各管段的直径，每段立管两端均设有控制阀门，立管与散热器为双侧连接，散热器连接支管一律采用 DN15(图中未注)管子。供热干管和回水干管在进出口处各设有总控制阀门，供热干管末端设有集气罐，集气罐的排气管下端设一阀门，供热干管采用 0.003 的坡度抬头走，回水干管采用 0.003 坡度低头走，跨门部分的沟内管道做法另见详图。

四、通风工程图

通风工程施工图包括通风系统平面图、剖面图、系统轴测图和设备、构件制作安装详图。

1. 平面图

(1)内容。通风系统平面图表达通风管道、设备的平面布置情况，主要内容包括：

①工艺设备的主要轮廓线、位置尺寸、标注编号及说明其型号和规格的设备明细表。如通风机、电动机、吸气罩、送风口、空调器等。

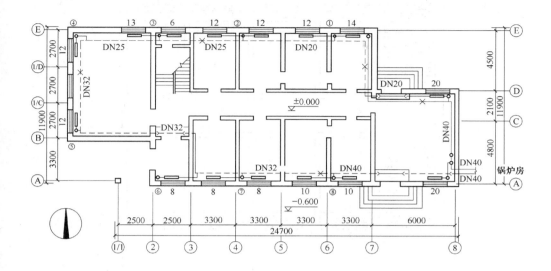

图 5-8　底层采暖平面图

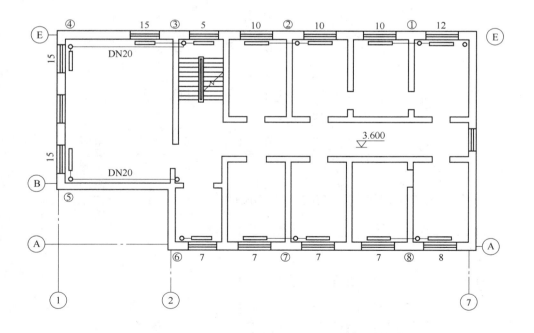

图 5-9　二层采暖平面图

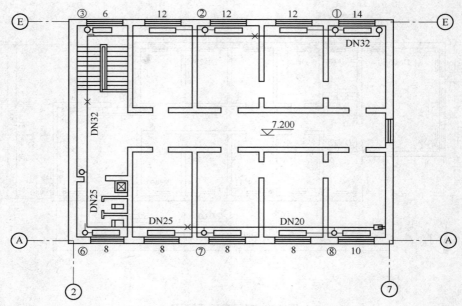

图 5-10 三层采暖平面图

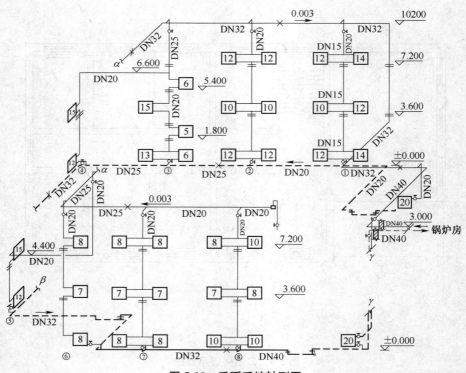

图 5-11 采暖系统轴测图

②通风管、异径管、弯头、三通或四通管接头。风管注明截面尺寸和定位尺寸。

③导风板、调节阀门、送风口、回风口等均用图例表明，并注明型号尺寸。用带箭头的符号表明进出风口空气的流动方向。

④如有两个以上的进、排风系统或空调系统就应加编号。

（2）制图。

①用细线抄绘建筑平面图的主要轮廓，包括墙身、梁、柱、台阶等与通风系统布置有关的建筑构配件，其他细部从略。底层平面图要画全轴线，楼层平面图可仅画边界轴线。标出轴线编号和房间名称。

②通风系统平面图应按本层平顶以下以投影法俯视绘出。

③用图例绘出有关工艺设备轮廓线，并标注其设备名称、型号，如空调器、除尘器、通风机等主要设备用中实线绘制，次要设备及部件如过滤器、吸气罩、空气分布器等用细实线绘制，各设备部件均应标出其编号并列表表示。

④画出风管，把各设备连接起来。风管用双线按比例以粗实线绘制，风管法兰盘用单线以中实线绘制。

⑤因建筑平面体形较大，建筑图纸采取分段绘制时，通风系统平面图亦可分段绘制，分段部位应与建筑图纸一致，并应绘制分段示意图。

⑥多根风管在图上重叠时，可根据需要将上面（下面）或前面（后面）的风管在交叉处用折断方式表示，并断开绘制，其交叉部分的不可见轮廓线应断开，轮廓线可不绘出，但断开处须用文字注明。

⑦注明设备及管道的定位尺寸（即它们的中心线与建筑定位轴线或墙面的距离）和管道断面尺寸。圆形风管以"Φ"表示，矩形风管以"宽×高"表示。风管管径或断面尺寸宜标注在风管上或风管法兰盘处延长的细实线上方。对于送风小室（简单的空气处理室）只需注出通风机的定位尺寸，各细部构造尺寸则需标注在单独绘制的送风小室详图（局部放大图）上。

2. 剖面图

（1）内容。通风系统剖面图表示管道及设备在高度方向的布置情况。主要内容与平面图基本相同，不同的只是在表达风管及设备的位置尺寸时须明确注出它们的标高。圆管注明管中心标高，管底保持水平的变截面矩形管，注明管底标高。

（2）制图。

①简单的管道系统可省略剖面图。对于比较复杂的管道系统，当平面图和系统轴测图不足以表达清楚时，须有剖面图。

②通风系统剖面图，应在其平面图上选择能够反映系统全貌，与土建构造间相互关系比较特殊以及需要把管道系统表达较清楚的部位直立剖切，按正投影法绘制。对于多层房屋而管道又比较复杂的，每层平面图上均需画出剖切线。剖面图剖切的投影方向一般宜向上或向左。

③画出房屋建筑剖面图的主要轮廓,步骤是先画出地面线,再画定位轴线,然后画墙身、楼层、屋面、梁、柱,最后画楼梯、门窗等。除地面线用粗实线外,其他部分均用细线绘制。

④画出通风系统的各种设备、部件和管道(双线采用的线型与平面图相同)。

⑤标注必要的尺寸、标高。

3. 系统图

(1)内容。通风系统轴测图是根据(各层)通过系统平面图中管道及设备的平面位置和竖向标高,用轴测投影法绘制而成的。它表明通风系统各种设备、管道系统及主要配件的空间位置关系。该图内容完整,标注详尽,富有立体感,从中便于了解整个通风工程系统的全貌。当用平面图和剖面图不能准确表达系统全貌或不足以说明设计意图时,均应绘制系统轴测图。对于简单的通风系统,除了平面图以外,可不绘剖面图,但必须绘制系统轴测图。

(2)制图。

①通风系统轴测图一般采用三等正面斜轴测投影或正等测投影绘制,有关轴向选择。比例以及某些具体画法与采暖工程系统轴测图类似,可参照之。

②通风系统图应包括设备、管道及三通、弯头、变径管等配件及设备与管道连接处的法兰盘等完整的内容,并应按比例绘制。

③通风管道宜按比例以单线绘制。

④系统图允许分段绘制,但分段的接头处必须用细虚线连接或用文字注明。

⑤系统图必须标注详尽齐全。主要设备、部件应注出编号,以便与平、剖面图及设备表相对照;还应注明管径、截面尺寸。标高、坡度(标注方法与平面图相同)。管道标高一般应标注中心标高。如所注标高不是中心标高,则必须在标高符号下用文字加以说明。

4. 通风工程图的识读

(1)熟悉图纸目录。从图纸目录中可知工程图样的种类和数量,包括所选用的标准图或其他工程图样,从而可粗略地了解工程的概貌。

(2)了解设计和施工说明。一般包括:

①设计所依据的有关气象资料、卫生标准等基本数据。

②通风系统的形式、划分及编号。

③统一图例和自用图例符号的含义。

④图中未表明或不够明确而需特别说明的一些内容。

⑤统一做法的说明和技术要求。

(3)按平面图—剖面图—系统图—详图的顺序依次识读,并随时互相对照。

(4)识读每种图样时均应按通风系统和空气流向顺次看图,逐步看懂每个系统的全部流程和几个系统之间的关系,同时按照图中设备及部件编号与材料明细表对照阅读。

（5）在识读通风工程图时需相应地了解主要的土建图纸和相关的设备图纸，尤其要注意与设备安装和管道敷设有关的技术要求如预留孔洞、管沟、预埋件管。

如图 5-12、图 5-13、图 5-14 所示是某车间的通风平面图、剖面图和轴测图，从中可以看出，该车间有一个空调系统。平面图表明风管、风口、机械设备等在平面中的位置和尺寸，剖面图表示风管设备等在垂直方向的布置和标高，从系统轴测图中可清楚地看出管道的空间曲折变化。该系统由设在车间外墙上端的进风口吸入室外空气，经新风管从上方送入空气处理室，依要求的温度、湿度和洁净度进行处理，经处理后的空气从处理室箱体后部由通风机送出。送风管经两次转弯后进入车间，在顶棚下沿车间长度方向暗装于隔断墙内，其上均匀分布五个送风口（500mm×250mm）装设在隔断墙上露出墙面，由此向车间送出处理过的达到室内要求的空气。送风管高度是变化的，从处理室接出时是 600mm×1000mm。向末端逐步减小到600mm×350mm，管顶上表面保持水平，安装在标高 3.900m 处，管底下表面倾斜，送风口与风管顶部取齐。回风管平行车间长度方向暗装于隔断墙内的地面之上0.15m 处，其上均匀分布着九个回风口（500mm×200mm）露出于隔断墙面，由此将车间的污浊空气汇集于回风管，经三次转弯，由上部进入空调机房，然后转弯向下进入空气处理室。回风管截面高度尺寸是变化的，从始端的 700mm×300mm 逐步增加为 700mm×850mm，管底保持水平，顶部倾斜，回风口与风管底部取齐。当回风进入空气处理室时，回风分两部分循环使用：一部分与室外新风混合在处理室内进行处理；另一部分通过跨越连通管与处理室后部喷水后的空气混合，然后再送入室内。跨越连通管的设置便于依回风质量和新风质量调节送风参数。

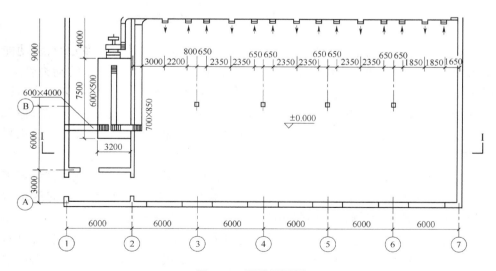

图 5-12　通风平面图

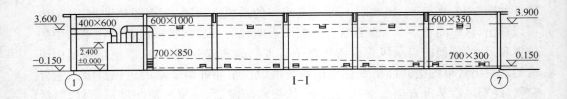

图 5-13 1—1 剖面图

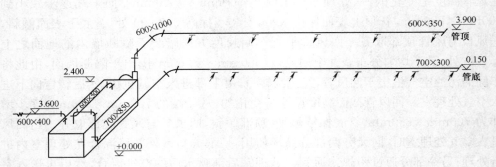

图 5-14 通风系统轴测图

第三节 识读管道工程施工图

实际上管道工程的范围十分广泛,特别是工业管道工程呈现着多专业、多功能的复杂状况。如为工业生产服务的各种工艺管道,为动力的介质输送的动力管道,固态粉状原材料的输送和渣料的排放管道以及自控仪表管道等。它们又可分为许多专业管道工程,如其中的动力管道即可分为热力管道、煤气管道、空压管道、输氧管道、乙炔管道等。此外,冷冻站的专用管道、发电站的输水管道等也都是建筑工程中经常遇到的。

由于在实际工程中管道往往既多又长,画在图上常是线条纵横交错,数量繁多且密集,既不易表达清楚,又难以识读。为此,本章将依据各种管道的共同图示特点,专门介绍在各种管道施工图中常用的一些基本的表达和绘制方法。

由于管子的截面尺寸比管子的长度尺寸小得多,所以在小比例尺的施工图中,往往把管子的壁厚和空心的管腔全部看成是一条线的投影。这种在图形中用单根线表示管子和管件的图样称为单线图。

在某些大比例尺的施工图中,如仍采用单线条表示管子和管件,往往难以表达管道、管件与有关连接设备和相邻建筑构件的空间位置关系，为此，在图形中采用两根线条表示管子和管件的外形，其壁厚因相对尺寸较小而予以省略，这种仅表示管子和管件外轮廓线的投影图称为双线图。

在各种管道工程施工图中，平面图和系统图中的管道多采用单线图；剖面图和详图管道均采用双线图。在通风工程施工图中，平面图的管道同剖面图和详图一样也采用双线图，而系统图的管道有时也采用双线图。

一、管子和管件的单、双线图

1. 管子的单、双线图

如图 5-15 所示，注意切勿把空心圆管的双线图误认为实心圆柱体。图中管子的单线图，根据投影原理，它的水平投影应积聚力一个小圆点，但为了便于识别，在圆点外加画了一个小圆。然而也有的

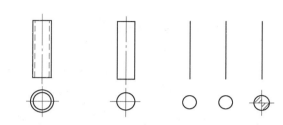

（a）用投影图表示 （b）用双线图表示 （c）用单线图表示

图 5-15 管子单、双线图

施工图中仅画成一个小圆，小圆的圆心并不加点。从国外引进的施工图中，则表示积聚的小圆被十字线一分为四，其中有两个对角处，打上细斜线阴影。这三种单线图画法所表达的意义相同。本章的举例均为第一种，剖面图和详图的管一样也采用双线图。

2. 弯头的单、双线图

如图 5-16 所示是一个 90°弯头的三面视图和双线图。在三视图里，按规定画出了全部管壁；在双线图里，不仅管壁的虚线未画，而且弯头投影所产生的虚线部分也可以省略不画。图中这两种双线图的画法虽然在图形上有所不同，但意义相同。如图 5-17 所示是弯头的单线图。在俯视图上先看到立管的断口，后看到横管。画图时，按管子的单线图的表示方法，对于立管断口的投影画成一个有圆心点的小圆，横管画到小圆边上。在侧视图上，先看到立管，横管的断口在背后看不到。画图时，横管应画成小圆，立管画到小圆的圆心。在单线图里，表示横管的小圆，也可稍微断开来画，这两种画法意义相同。如图 5-18 所示为 45°弯头的单、双线图。45°弯头同 90°弯头的画法相似，但在画小圆时，90°弯头应画成整圆，而 45°弯头只画成半圆。空心的半圆同半圆上加一条细实线这两种画法意义相同。

3. 三通的单、双线图

如图 5-19 所示，在单线图内，无论同径或异径，其立面图形式相同，其中右立面图的两种形式意义相同。同径或异径斜三通在单线图内其立面图的表示形式也相同，如图 5-20 所示。

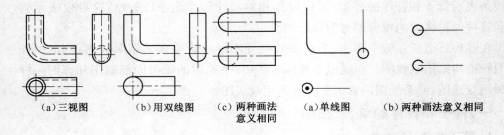

（a）三视图　　　（b）用双线图　　（c）两种画法　　　　（a）单线图　　　（b）两种画法意义相同
　　　　　　　　　　　　　　　　　　意义相同

图 5-16　弯头的表示法　　　　　　　　图 5-17　弯头的表示法

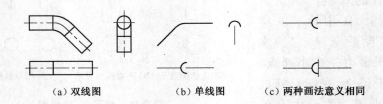

（a）双线图　　　　　　（b）单线图　　　　（c）两种画法意义相同

图 5-18　弯头的表示法

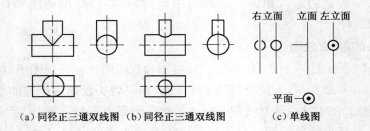

（a）同径正三通双线图（b）同径正三通双线图　　（c）单线图

图 5-19　三通的表示法

4. 四通的单、双线图

如图 5-21 所示是同径四通的单、双线图。在同径四通的双线图中，其正视图的相贯线呈十字交叉线。在单线图中，同径四通和异径四通的表示形式相同。

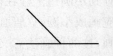

图 5-20　三通的表示法

5. 大小头的单、双线图

同心大小头在单线图里有的画成等腰梯形，有的画成等腰三角形，这两种表示形式意义相同。偏心大小头的单线图和双线图是用立面图形式表示的。如偏心大小头在平面图上的图样与同心大小头相同，这就需要用文字注明"偏心"二字，以免混淆。

6. 阀门的单、双线图

在实际工程中阀门的种类很多，其图样的表现形式也较多，这里仅选一种法兰连接的截止阀为例，它的单线图见表 5-4。

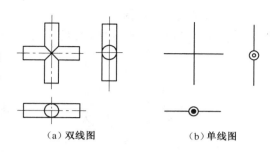

（a）双线图 （b）单线图

图 5-21　同径四通表示法

二、管子的积聚

1. 直管的积聚

根据投影原理可知，一根直管的积聚投影用双线图形式表示就是一个小圆，用单线图形式表示则为一个小点。为了便于识别，将用单线图形表示的直管的积聚画成一个小圆，如图 5-22 所示。

表 5-4　阀门的单线图

	阀　柄　向　前	阀　柄　向　后	阀　柄　向　右
单线图			

2. 弯管的积聚

直管弯曲后就成了弯管，通过对弯管的分析可知，弯管是由直管和弯头两部分组成的，直管积聚后的投影是个小圆，与直管相连接的弯头，在拐弯前的投影也积聚成小圆，并且同直管积聚成小圆的投影重合，如图 5-22 所示。

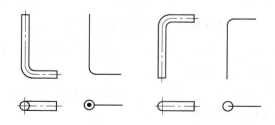

图 5-22　管子积聚的表示法

3. 管子与阀门的积聚

管子与阀门积聚的表示法，如图 5-23 所示。

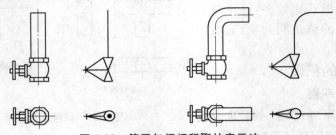

图 5-23 管子与阀门积聚的表示法

三、管子的重叠

1. 管子的重叠形式

如图 5-24 所示是一组 Ⅱ 形管的单、双线图，在平面图上由于几根横管重叠，看上去好像是一根弯管的投影。

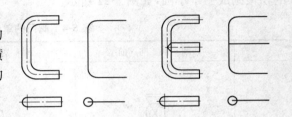

图 5-24 管子重叠的表示法

2. 两根管线的重叠表示法

为了识读方便，对重叠管线采用折断显露法表示。当投影中出现两根管线重叠时，假想上面一根管子已经截去一段（用折断符号表示）这样便显露出下面的另一根管子，这样的方法就可把两根或多很重叠管线显示清楚。

如图 5-25(a) 所示为两根直管的重叠。若此图是平面图，则表示断开的管线高于中间显露的管线；若此图是立面图，那么断开的管线则在中间显露的管线之前。

（a）两根直管重叠　　　（b）弯管与直管重叠　　　（c）直管与弯管重叠

图 5-25 两根管线重叠的表示法

如图 5-25(b) 所示为弯管与直管重叠。若此图为平面图，则表示弯管高于直管；若此图为立面图，则表示弯管在直管之前。

如图 5-25(c) 所示为直管与弯管重叠。若此图为平面图，则表示直管高于弯管；若此图为立面图，则表示直管在弯管之前。

3. 多根管线的重叠表示方法

多根管线重叠的表示方法，如图 5-26 所示。通过对平面图、立面图的分析可知，这是三根高低不同、平行排列的管线,自上而下编号为 1、2、3。如用折断显露法表示,即可看出 1 号管最高,2 号管次高,3 号管最低。运用折断显露法画管线时,同一根管线的折断符号要互相对应。

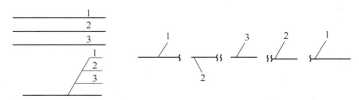

图 5-26　多根管线重叠的表示法

四、管子的交叉

1. 两根管线的交叉

两根交叉管线的投影相交,较高(前)的管线都是以双线或是以单线表示,均完整显示。较低(后)的管线在单线图中要断开表示,在双线图中则用虚线表示,如图 5-27(a)(b)所示。

在单、双线图同时存在的图中,如果双线管高(前)于单线管,那么单线管被双线管遮挡的部分用虚线表示;如果单线管高(前)于双线管,则不存在虚线,如图 5-27(c)(d)所示。

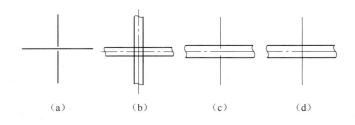

（a）　　　　　（b）　　　　　（c）　　　　　（d）

图 5-27　两根管线的交叉

2. 多根管线的交叉

如图 5-28 所示的四根管线以 1 管为最高(前),2 管次高(前),3 管次低(后),4 管为最低(后)。

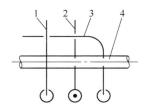

图 5-28　多根管线的交叉

第四节　识读管道的剖面图

一、单根管线的剖面图

1. 表示形式

单根管线的剖面图，并不是把管子本身沿管中心剖切开来而得到的图样，这种剖面图主要是利用剖切符号表示的，既可表示剖切位置又能表示投影方向的特点，它是用来表示管线在某一投影面上的投影。如图 5-29 所示，Ⅰ－Ⅰ剖面图反映的图样，从三视图投影角度来看就是主视图。而Ⅱ－Ⅱ剖面图则是左视图。但是各剖面图的图形位置排列显得灵活，没有三视图那样严格。

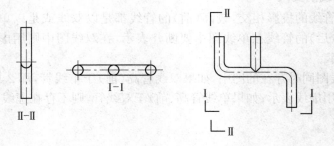

图 5-29　单根管线剖面图

2. 识读举例

如图 5-30 所示，是一组混合水淋浴器的配管图。在平面图中，可以看到管线好似一只摇头弯，管端装有淋浴喷头，在图形两侧标有两组剖切符号，表明了剖面图的剖切位置和投影方向。Ⅰ－Ⅰ剖面图实际上如同正立面图，Ⅱ－Ⅱ剖面图如同左立面图。

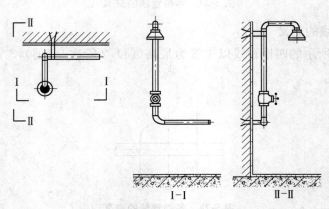

图 5-30　淋浴器的配管图

二、管线间的剖面图

1. 表示形式

在两根或两根以上的管线之间，假想用剖切平面切开，然后把剖切平面前面的所有管线移走，对保留下来的管线进行投影这样得到的投影图称为管线间的剖面图，如图 5-31 所示有两路管线，1 号管线由来回弯组成，管线上带有阀门；2 号管线由摇头弯组成，管线上还带有大小头。平面图上这两路管线看起来还比较清楚。而立面图看起来就不够清楚了，如图 5-32 所示。这是因为 1 号和 2 号管线标高相同，管线投影重叠所致。为了使 2 号管线能看得更清楚，往往需要在 1 号和 2 号管线之间进行剖切。通过剖切把剖切位置线前面的 1 号管线移走，仅剩下 2 号管线，看起来就清楚多了。在图 5-31 中的 I—I 剖面上所反映出的图样，实际上相当于 2 号管线的立面图。

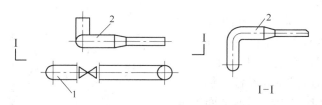

图 5-31　两根管线间的剖面图

上面列举的仅是两路同标高管线剖切的实例。如果管线在三路以上，那么管线间的剖切的优越性就会充分显示出来。

2. 识读举例

如图 5-33 所示是由三路管线组成的平面图。倘若 1 号、2 号、3 号管线的标高分别为 2.800m、2.600m、2.800m，可以想象这三路管线的立面图由于 1 号和 3 号管线标高相同，必定很难辨认。如果在 1 号和 2 号管线之间予以剖切，那么剖面图就可以清楚地反映出 2 号和 3 号管线垂直部分的图样来，如图中 A—A 剖面所示。

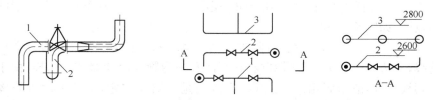

图 5-32　两根管投影图（立面图）　　　　**图 5-33　多根管线间的剖面图**

三、管线断面的剖面图

1. 表示形式

管道剖面图有的剖切在管线之间，有的则剖在管线的断面上。如图 5-34 所示，在一组三路同标高管线组成的平面图里，在垂直管子轴线的断面上进行剖切，由于三路管线是同一标高，所以画剖面图时，这三管路管线画在同一轴线上，三路管线的间距应与平面图上的相同，三路管线的排列编号，也同平面图上原来的排列编号相对应。

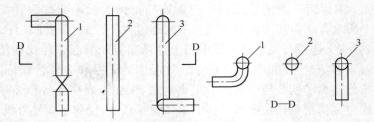

图 5-34　管道剖面的不同表示方法

2. 识读举例

如图 5-35 所示为一组由两台立式冷却器和四路管线组成的配管平面图，图中标注着三组剖切符号Ⅰ－Ⅰ、Ⅱ－Ⅱ、Ⅲ－Ⅲ。画剖面图时，各管线水平方向之间的长短及其间距应根据平面图来画，管线垂直部分的长短可自定。

在Ⅰ－Ⅰ剖面图上所看到的这个装置的正立面图 201 和 202 这两台冷却器显示完整。由于 1 号管线在剖切线之前，因此图样上不画。2 号管线在这个剖面中反映得最清楚，右上角有个圆心带点的小圆，它是 2 号管线在剖切位置线上切口断面的投影。3 号管线和 4 号管线有一部分被冷却器所遮挡而看不见，因此用虚线表示，3 号管线上有个圆心带点的小圆，它是 3 号管线在剖切位置线上的切口断面的投影，如图 5-36 所示。

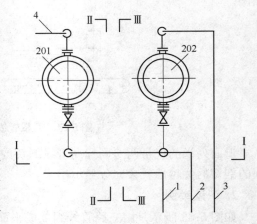

图 5-35　冷却器配管平面图

在Ⅱ－Ⅱ剖面图上，左上角并排着两个圆心有点的小圆，左边的一个小圆是二号管线，右边一个小圆是 2 号管线，它下面有一弯管与冷却器 201 相连，由于 3 号管在剖切线之外，故未画出。4 号管线看到的是一路摇头弯，从 201 设备的接管处往右，一只弯头向上，另一只弯头背对读者朝里，如图 5-37 所示。

在Ⅲ－Ⅲ剖面上，右上角并排两个圆心有点的小圆，分别是 1 号和 2 号管线的断口，其右是同一标高的 1 号和 2 号管线相重合的管段。2 号管线下有弯管与冷却器 202 相连，3 号管显示得比较完整，从 202 设备的接管处往左，一只弯头向上，另一只弯头背对读者方向朝里，然后再右拐弯，虚线部分是被冷却器遮挡所致的，如图 5-38 所示。

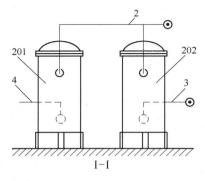

图 5-36　Ⅰ－Ⅰ剖面图

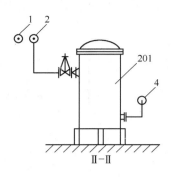

图 5-37　Ⅱ－Ⅱ剖面图

可见,管道剖面图的投影原理同三视图一样。由于剖切符号大都显示在平面图上,因此,管道剖面图实际就是用剖切方法,把管线立面图进行有目的的删选,删选后的图样仍然是立面图。因此,管道剖面图的读图方法首先是根据平面图上的剖切符号确定剖视方向,方向确定后,其他部分都同管道立面图的看图方法相同。剖面图在管道施工图中属较常见的一种图样。当一组比较复杂的管线仅仅依靠平、立面图仍不能表达清楚时,就必须借助几个方向的剖面图来解决。

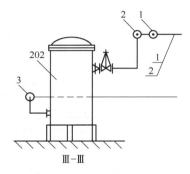

图 5-38　Ⅲ－Ⅲ剖面图

第五节　识读管道的轴测图

在管道施工图中,管道系统的轴测图多采用正等测图和斜等测图,其中又以斜等测图更为常用,由于二者在画法上是类同的,故仅以斜等测图为例分述如下。

一、单根管线的轴测图

首先分析图形,弄清这根管线在空间的实际走向和具体位置,究竟是左右走向的水平位置,还是前后走向的水平位置,或是上下走向的垂直位置。在确定这根管线的实际走向和具体位置后,就可以确定它在轴测图中同各轴之间的关系。

如图 5-39 所示,通过对平、立面图的分析可知,这是三根与轴平行的管线,由于三个轴的轴向伸缩率都是 1,故可在轴测轴上直接量取管道在平面图上的实长。

二、多根管线的轴测图

如图 5-40 所示,表示了多根管线的立面图、平面图和轴测图。由平、立面图可知,1、2、3。号管线是左右走向的水槽线,4、5 号管线是前后走向的水平管线,而且这五根管线的标高相同,它们的轴测图如图中的右图所示。

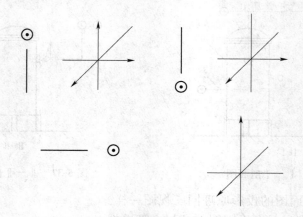

图 5-39 单根管线轴测图

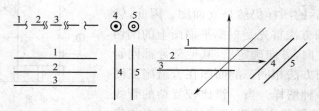

图 5-40 多根管线轴测图

三、交叉管线的轴测图

在图 5-41 中,通过对平、立面图的分析可知,它是四根垂直交叉的水平管线。在轴测图中,高的或前面的管线应显示完整,低的或在后的管线应用断开的形式表达,使图形富于立体感。

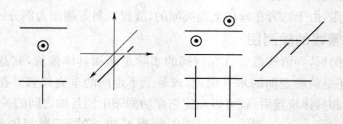

图 5-41 交叉管线轴测图

四、画法举例

已知平、立面图,画轴测图,一般可按下列步骤进行:

1. 图形分析。依据平、立面图分析管线的组成、空间排列。

2. 画轴测轴。画出斜等测的轴测轴,定出三个轴和六个方向。

3. 量取实长。沿轴向及轴向平行线方向量取每段管线在投影图(平、立面图)上的实长。

4. 连线加深。擦去多余的线,依次连接所量取的各线段并加深即得。

偏置管的另打上 45°细斜线,走向如图 5-40 所示。

对于竖向的偏置管,由于它与三个坐标轴都不平行,应通过添加辅助线的方法找出它与

例 1 弯管,如图 5-42 所示。

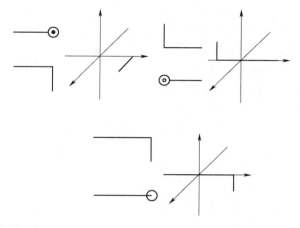

图 5-42 弯管轴测图

例 2 摇头弯,如图 5-43 所示。

例 3 装有法兰阀门的管段。

如图 5-44 所示中的法兰阀门应画在相应的投影位置上,因为横管 3 在立管 1 前面,又高于立管 1,所以立管 1 断开。

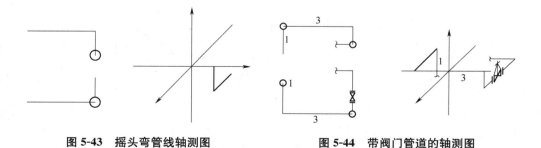

图 5-43 摇头弯管线轴测图　　　　**图 5-44 带阀门管道的轴测图**

例 4 热交换器配管的轴测图。

画管道与设备连接的轴测图时,不论是正等测或是斜等测,一般情况下设备只要示意性的画出外形轮廓。如管线较多,可不画设备,仅画出设备的管接口即可。具体画每段管线时,应以设备的管接口为起点,把每一小段管线逐段依次朝外画出,

然后再连接成整体,如图 5-45 所示,根据热交换器配管平、立面图绘出了抽测图。

五、偏置管的画法

以上所讲的仅限于正方位(前、后、左、右、上、下)走向的管线,对于非正方位走向的偏置管,例如管子转变不是 90°、三通是斜三通等情况就不能用原来的方法表示。对偏置管来说,不论是垂直的还是水平的,对于非 45°角的偏置管都要标出两个偏移尺寸,而角度一般可省略不标。在图 5-46 中,管线右侧所标的偏移尺寸为 200mm 及 100mm,而具体角度则没有标出;对于 45°的偏置管,只要标出角度 45°和一个偏移尺寸 180mm 即可。需提出的是,这里所说的偏移尺寸均指沿正方位量取的尺寸,亦即轴向方向的尺寸。因此,画图时只要在轴测轴的方向上量取相应的偏移尺寸,即可画出偏置管的轴测图如图 5-46(a)所示。

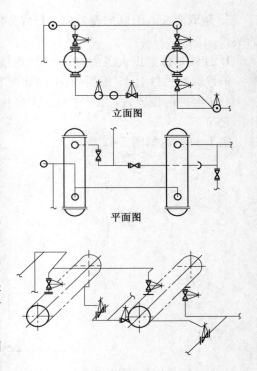

图 5-45 热交换器配管图

偏置管的另一种表示方法是在管子转弯或分支的地方做出管线正方位走向的平行线,并再用数字注明转弯或分支的角度,突出表明这根管线的走向不是正方位的如图 5-46(b)所示。

坐标轴的关系,画出三个坐标轴组成的六面体后,再根据管线的实际走向确定首尾两端点的坐标,连接坐标点即为立体偏置管如图 5-46(c)所示。

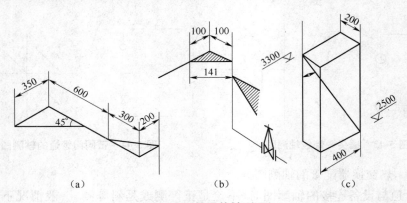

（a） （b） （c）

图 5-46 偏置管轴测图

第六章　电气施工图

第一节　电气施工图的基本知识

在房屋建筑中,电气设备的安装是不可缺少的。工业和民用建筑中的电气照明。电热设备,动力设备的线路都需绘成施工图。它分为外线工程和内线工程;还有专门电气工程如配电所工程。

电气施工图是属于整套建筑工程施工图的一个部分。在下面的各节中主要叙述如何看懂一些常见的建筑工程的电气施工图。便于土建配合施工需要。至于那些复杂的专门电气工程和设备的施工图,属于电气专业知识,这里就不作介绍了。

一、房屋建筑常用的电气设施

(1)照明设备。主要指用于夜间采光照明的白炽灯、日光灯、高压水银灯等和家用电器。为这些照明附带的设施是插座、电表、线路、开关等装置。一般灯位的高度、安装方法图纸上均有说明。电门(开关)一般规定是,搬把开关离地面为 1.4m,拉线开关离顶棚 0.2m。低位插座一般离地面 0.3m,高位插座一般离地 1.8m。此外有的规定中提出照明设备还需有接地或接零的保护装置。

(2)电热设备:系指电炉(包括工厂大型电热炉),电烘箱,电熨斗等大小设备。大的电热设备由于用电量大,线路要单独设置,尤其应与照明线分开。

(3)动力设备:系指由电带动的机械设备,如机器上的电动机,高层建筑的电梯供水的水泵等。这些设备用电量大,并采用三相供电,设备外壳要有接地、接零装置。

(4)弱电设备:一般电话、广播设备均属于弱电设备。如学校、办公楼这些装置较多,它们单独设配电系统,如专用配线箱、插座、线路等,和照明线路分开,并有明显的区别标志。

(5)防雷设施:高大建筑均设有防雷装置。如水塔、烟囱、高层建筑等在顶上部装有避雷针或避雷网,在建筑物四周地下还有接地装置埋入地下。

二、电气施工图的内容

电气图也像土建图一样,需要正确、齐全、简明地把电气安装内容表达出来。一般由以下几方面的图纸组成:

1. 目录

一般与土建施工图同用一张目录表,表上注明电气图的名称、内容、编号顺序如电$_1$、电$_2$等。

2. 电气设计说明

电气设计说明都放在电气施工图之前，说明设计要求。如说明：

(1)电源来路，内外线路，强弱电及电气负荷等级。

(2)建筑构造要求，结构形式。

(3)施工注意事项及要求。

(4)线路材料及敷设方式(明、暗线)。

(5)各种接地方式及接地电阻。

(6)需检验的隐蔽工程和电器材料等。

3. 电器规格做法表

主要是说明该建筑工程的全部用料及规格做法。电器规格做法表见表 6-1。

表 6-1　电器规格做法表

图例	名称	规格及做法说明

4. 电气外线总平面图

大多采用单独绘制，有的为节省图纸就在建筑总平面图上标志出电线走向，电杆位置就不单绘电气总平面图。如在旧有的建筑群中，原有电气外线均已具备，一般只在电气平面图上建筑物外界标出引入线位置，不必单独绘制外线总平面图。

5. 电气系统图

主要是标志强电系统和弱电系统连接的示意图，从而了解建筑物内的配电情况。图上标志出配电系统导线型号、截面、采用管径以及设备容量等。

6. 电气平面图

包括动力、照明、弱电、防雷等各类电气平面布置图。图上表明电源引入线位置，安装高度，电源方向；配电盘、接线盒位置；线路敷设方式、根数；各种设备的平面位置，电器容量、规格，安装方式和高度；开关位置等。

7. 电器大样图

凡做法有特殊要求的，又无标准件的，图纸上就绘制大样图，注出详细尺寸，以便制作。

三、电气施工图识读步骤

(1)先看图纸目录，初步了解图纸张数和内容，找出需要看的电气图纸。

(2)看电气设计说明和规格表，了解设计意图及各种符号的含意。

(3)顺序看各种图纸，了解图纸内容，并将系统图和平面图结合起来看，在看平面图时应按房间有次序的阅读，了解线路走向，设备装置(如灯具、插销、机械等)。

掌握施工图的内容后,才能进行制作及安装。

第二节 电器施工图图例及符号

图例和符号是看懂电气平面图和系统图应先具备的知识,懂了它才能明白图上面画一些图样的意思。现根据国家统一颁发的图例符号,选出部分常用图例和符号供阅图时参考。

一、图例

图例是图纸上用一些图形符号代替繁多的文字说明的方法。电气施工图中常用的图例见表 6-2。

表 6-2 电器施工图图例

图例	名称	图例	名称
规划（设计）的○ 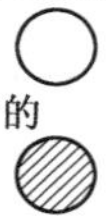 运行的⊘	变电所,配电所	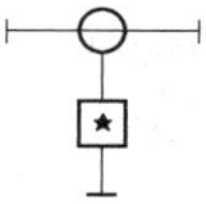 ⊙◻★	带有设备箱的固定式分支器的直通区域,星号应以所用设备符号代替或省略 F—开关熔断器组（负荷开关）、熔断器箱 K—刀开关箱 Q—断路器、母线槽插接箱 XT—接线端子箱
─○─	架空线路		
─○─	管道线路	●⌐	障碍灯、危险灯、红色闪烁、全向光束
⊢╌╌╌⊣	电缆沟线路	⊗	投光灯,一般符号
─◻─	过孔线路	⊗	聚光灯
◻ ☆ 根据需要参照代号"☆"标注在图形符号旁边区别不同类型电气箱（柜）例:◻ AL11 AL:字母代码 11:序列号表示为一层 1号照明配电箱	AC—控制箱字母代码	⊗↙	泛光灯
	AL—照明配电箱字母代码	⊗ ★ 根据需要"★"用字母标注在图形符号旁边区别不同类型灯具,例⊗ST表示为安全照明	C—吸顶灯
	ALE—应急照明箱字母代码		E—应急灯
	AP—动力配电箱字母代码		G—圆球灯
	AS—信号箱字母代码		L—花灯
	AT—双电源切换箱字母代码		P—吊灯
	AW—电能表箱字母代码		R—筒灯
	AX—插座箱字母代码		W—壁灯
	ABC—设备监控箱字母代码		EN—密闭灯
	ADD—住户配线箱字母代码		LL—局部照明灯
	ATF—放大器箱字母代码		
	AVP—分配器箱字母代码		

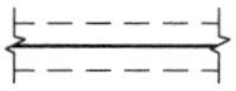

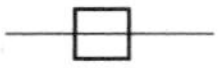

附注:"☆"为参照代号,参照代码包括字母代码和序列号。

续表 6-2

图例	名　称	图例	名　称
⊠	自带电源的事故照明灯	⊗	带有指示灯的按钮
E	应急疏散指示标志灯	⊗	门铃开关,带夜间指示灯
◄	应急疏散指示标志灯(向左)	⊓	门铃
►	应急疏散指示标志灯(向右)	◸	星—三角起动器
⊢―	单管荧光灯	⊡	自耦变压器式起动器
⊨	二管荧光灯	―∞	风扇,示出引线
☰	三管荧光灯	Ⓜ	电动机
⊢$\frac{n}{}$	n 管荧光灯	Ⓖ	发电机
	1P—单相(电源)插座	HM	热能表
	3P—三相(电源)插座	GM	燃气表
★　　★	1C—单相暗敷(电源)插座	WM	水表
根据需要"★"用字母标注在图形符号旁边区别不同类型插座。	3C—三相暗数(电源)插座	Wh	电度表
	1EN—单相密闭(电源)插座	▱	窗式空调器
	3EN—三相密闭(电源)插座	▭	风机盘管
	TP—电话插座	T 温度	温度传感器
	TV—电视插座	H 湿度	温度传感器
★⊗★	TD—计算机插座	P 压力	压力传感器
根据需要"★"用字母标注在图形符号旁边区别不同类型插座。	TC—信息插座	△P 压差	压差传感器
	TF—光纤插座	C	集中型火灾报警控制器
⊓	具有护板的(电源)插座	Z	区域型火灾报警控制器
⊼	具有单极开关的(电源)插座	FI	楼层显示器
⊟	具有隔离变压器的插座	RS	防火卷帘门控制器
⊙	接线盒、连接盒	RD	防火门磁释放器
⌁	单联单控扳把开关	M	模块箱
⌁₂	双联单控板把开关	⚡	感烟探测器
⌁₃	三联单控扳把开关	⚡ N	非编码感烟探测器
⌁ₙ	n 联单控扳把开关	↓	感温控测器
⌀	带指示灯的开关	↓ N	非编码感温探测器
⌀	两控单极开关	↙	可燃气体探测器
⌀	调光器	⌁	感光火焰探测器
⌁t	限时开关	O	输出模块
⌁t	带指示灯的限时开关	I	输入模块
◎	按钮		

续表 6-2

图例	名　称	图例	名　称
I/C	输入/输出模块	IR/M	被动红外/微波双技术探测器
SI	短路隔离器	IR	红外遥控器
P	压力开关		固定摄像机
Y	手动报警按钮	R	球型摄像机
Y	带手动报警按钮的火灾电话插孔		带云台彩色摄像机
Y	消火栓起泵按钮	BD	建筑物配线架
	火灾警铃	FD	楼层配线架
	火灾光报警器	UPS	不间断电源
	火灾声、光报警器	HUB	集线器
	火灾报警电话机	HUB	光纤互连装置
M	电磁阀	SW	交换机
	水流指示器	★	C—吸顶式扬声器
			R—嵌入式扬声器
			W—壁挂式扬声器
	单口室内消火栓（系统）		扬声器箱、音箱、声柱
	单口室内消火栓（平面）	•	避雷针
	双口室内消火栓（系统）		缆线连接
	双口室内消火栓（平面）		
70℃	表示 70℃动作的常开防火阀	ABCDE	单根连接线汇入线束示例
280℃	表示 280℃动作的常开排烟阀		
280℃	表示 280℃动作的常闭排烟阀		电缆桥架线路
SE	排烟口		向上配线
	增压送风口		向下配线
	空气过滤器（中效）		中性线
	电加热器		保护线
	加湿器	E	接地极
	访客对讲电控防盗门主机	PE	保护接地线
	可视对讲机	LP	避雷线、带、网
	对讲电话分机（带呼救按钮）	V	视频线路
	对讲电话分机	R	射频线路
	紧急按钮开关	F	电话线路
	门（窗）磁开关	B	广播线
EL	电控锁	T	数据传输线路
B	玻璃破碎探测器		光纤或光缆

二、符号

符号是图上用文字来代替繁多说明,使人看到这些符号就懂得它的含意。常用符号是文字符号见表 6-3,其他符号见表 6-4,常用绝缘电线的型号、名称见表 6-5。

表 6-3　文字符号表

名　称	符　号	说　明
电源	M~fu	交流电,m 为相数,f 为频率,u 为电压
相序	A B C N	A 相(第一相)涂黄色油漆 B 相(第二相)涂绿色油漆 C 相(第三相)涂红色油漆 中性线　涂黑色或白色
用电设备标注法	$\dfrac{a}{b}$ 或 $\dfrac{a\|c}{b\|d}$	a. 设计编号,c. 容量 b. 电流(安培),d. 标高(m)
电力或照明配电设备	$a\,\dfrac{b}{c}$	a. 编号,b. 型号,c. 容量(千瓦)
开关及熔断器	$a\,\dfrac{b}{c/d}$ 或 $a-b-c/I$	a. 编号,b. 型号,c. 电流,d. 线规格,I. 熔断电流
变压器	$a/b-c$	a. 一次电压,b. 二次电压,c. 额定电压
配电线路	$a(b\times c)d-c$	a. 导线型号,b. 导线根数,c 导线截面,d. 敷设方式及穿管管径,e. 敷设部位
照明灯具标注法	$a-b\,\dfrac{c\times d}{e}f$	a. 灯具数量,b. 型号,c. 每盏灯的灯泡数灯管数,d. 灯泡容量(瓦),e. 安装高度,f. 安装方式
需标注引入线的规格时标注法	$a\,\dfrac{b-c}{d(e\times f)-g}$	a. 设备编号,b. 型号,c. 容量,d. 导线牌号,e. 导线根数,f. 导线截面,g. 敷设方式
线路敷设方式	M A S CP CJ QD CB G DG VG	明敷 暗敷 用钢索敷设 用瓷瓶或瓷柱敷设 用瓷夹或瓷卡敷设 用卡钉敷设 用木槽板或金属槽板敷设 穿焊接钢管敷设 穿电线管敷设 穿硬塑料管敷设
线路敷设部位	L Z Q P D	沿梁下或屋架下敷设的意思 沿柱 沿墙 沿天棚 沿地板

续表 6-3

名 称	符 号	说 明
常用照明灯具	J T W P S	水晶底罩灯 圆筒型罩灯 碗形罩灯 乳白玻璃平盘罩灯 搪瓷伞形罩灯
灯具安装方式	cp cp_1 cp_2 cp_3 ch p W S R	自在器吊线灯 固定吊线灯 防水吊线灯 人字吊线灯 链吊灯 吊杆灯 壁灯 吸顶灯 嵌入灯
计算负荷的标注	P_e K_X P_{js} $\cos\varphi$ I_{js}	电气设备安装总容量 需要系数 计算容量 功率因数 计算电流
线路图上一般常用编号	①②③	照明编号 动力编号 电热编号 电铃 广播

表 6-4 其他符号

文字符号	说明的意义
HK	代表开户式负荷开关(瓷底,胶盖闸刀)
HH	代表铁壳开关,亦称系列负荷开关
DZ	代表自动开关
JR	代表系列热继电器
$QX_1 1J_3$	代表系列起动器
RCLA	代表瓷插式熔断器
RM	代表系列无填料密闭管式塑料管熔断器

表 6-5　常用绝缘电线的型号、名称表

型　号		名　称
铜芯	铝芯	
BX		棉纱纺织橡皮绝缘电线
BXF		氯丁橡皮绝缘电线
BV		聚氯乙烯绝缘电线
		聚氯乙烯绝缘加护套电线
BXR	BLX	棉纱纺织橡皮绝缘软线
BXS	BLXF	棉纱纺织橡皮绝缘双绞软线
RX	BLV	棉纱总纺织橡皮绝缘软线
RV	BLVV	聚氯乙烯绝缘软线
RVB		聚氯乙烯绝缘平型软线
RBS		聚氯乙烯绝缘绞型软线（花线）
BVR		聚氯乙烯绝缘软线
	YZ YZW	中型橡胶套电缆
	YC YCW	重型橡胶套电缆

第三节　识读电气外线图和系统图

一、电气外线总平面图

电气外线总平面图，主要是指一个新建筑群的外线平面布置图。图上标注线杆位置、电线走向、长度、规格、电压、标高等内容，如图 6-1 所示。

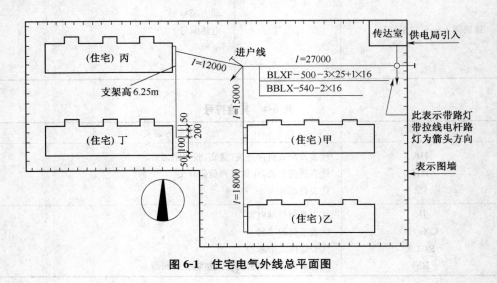

图 6-1　住宅电气外线总平面图

二、电气外线总平面图的识读

从图 6-1 中可以看出这是一个新建住宅区的外线线路图,图上有四栋住宅,一栋小传达室,四周有围墙。当地供电局供给的电源由东面进入传达室,在传达室内有总电闸控制,再把电输送到各栋住宅。院内有两根电杆,分两路线送到甲、乙、丙、丁四栋房屋。房屋的墙上有架线支架通过墙穿管送入楼内。

图上标出了电线长度,$L=27000$、15000 等,在房屋山墙还标出支架高度 6.25m,其中 BLXF$-500-3\times25+1\times16$ 的意思是氯丁橡皮绝缘架空线,承受电压在 500V 以内,三根截面为 25mm² 电线加一根截面为 16mm² 的电线。另外还有两根 16mm² 的辅线 BBLX-540 是代表棉纱编织橡皮绝缘电线的进户线,其后数字的意思与上述的相同。其他在图上用箭头说明此处不详述。

第四节　电气系统图的识读方法和步骤

一、电气系统图

电气系统图是说明电气照明或动力线路的分布情形的示意图。图上标有建筑物的分层高度,线的规格、类别,电气负荷(容量)的情形,如控制开关、熔断器、电表等装置。

系统图不具体说明有什么电气设备或照明灯具,这张图对电气施工图来说,相当于一篇文章的提纲要领,看了这张图就能了解这座建筑物内配电系统的情形,便于施工时可以统筹安排,如图 6-2 所示就是一张住宅楼的电气系统图。

二、识读电气系统图

图 6-2 是一张表明五层,三个单元住宅的电气系统图。图上还说明一单元是两户建制。

为了节省篇幅,仅绘制了第一单元的一、二、三层的系统图,其他部分均形式相同,只要了解这一部分,全图也就容易看懂了。

从图 6-2 上可以看出,进户线为三相四线,电压为 380/220V(相压 380V,线压 220V),通过全楼的总电闸,通过三个熔断器,分为三路,一路进入一单元和零线结合成 220V 的一路线,一路进入二单元;一路进入三单元。每一路相线和零线又分别通过每单元的分电闸,在竖向:分成五层供电。每层线路又分为两户,每户通过熔断器及电表进入室内。

具体的线路,室内灯具等均要通过电器施工平面图来表明了。

图上的文字符号从前面所介绍符号中可以了解。如首层中 BLVV — 500—2X2.5QD,Q(P)M 意思是:聚氯乙烯绝缘电线 500V 以内两根共 5mm² 用卡钉敷设、沿墙、顶明敷。其他类同。

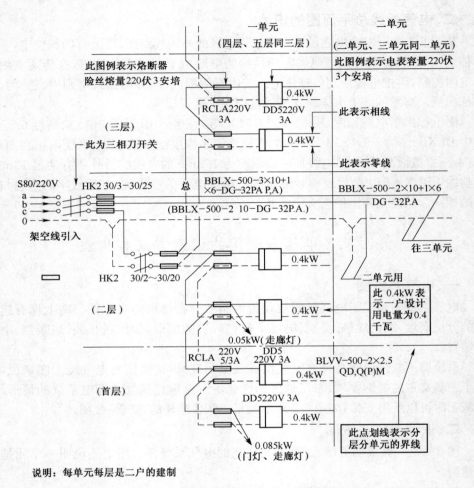

图6-2 住宅楼电气系统图

第五节 电气平面图的识读方法和步骤

电气施工图在建筑物内一般采用平面图表示,没有剖面或很少有竖向图。因为竖向线路都由总开关在垂直方向最短的距离输送到上一层该位置再设配电盘再送到该层室内,所以看了平面图就了解了施工的做法。

一、识读住宅照明线路平面图

住宅照明目前有采用暗敷和明敷两种。暗敷在平面图上的线路无一定规律,应以最短的距离达到灯具,计算线的长度往往要依靠比例尺量取长度。明敷线路一般沿墙走,平直见方比较规矩,其长度一般可参照建筑平面尺寸算得。

这里介绍的是住宅室内照明施工平面图,采用的是明线敷设,如图6-3所示。

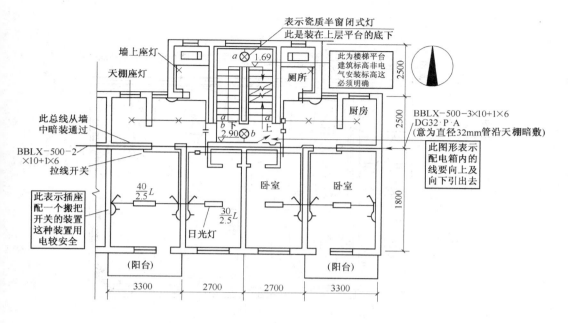

图 6-3　住宅室内照明平面图

从图上可以看出,进线位置在纵向墙南往北第二道轴线处。在楼梯间有一个配电箱,室内有日光灯、顶棚座灯、墙壁座灯,楼梯间有吸顶灯,插座、拉线开关联系这些灯具。

在看图时应注意的是这些线路平面实际是在房间内的顶上部分,沿墙的按安装要求应离地最少 2m,在中间位置的实际均在顶棚上。线通过门口处实际均在门口的上部通过。所以看图时应有这种想象。

此外图上的文字符号,如日光灯处 30/2.5L 及 40/2.5L 中分子表示灯为 30W 或 40W;分母表示离地高 2.5m;L 是采用链子吊挂的办法安装。

二、识读车间动力线路平面图

这里介绍一座小车间首层的动力线路平面图,如图 6-4 所示。

从动力线路平面图上可以看出,动力线路由西北角进入,为 BBLX(棉纱编织橡皮绝缘电线)三根 75mm² 线,用直径 70mm 焊接钢管敷设方式输入 380V 三相电路。进入室内总电柜(控制屏)后,分三路线在该层通往各设备用电;一路在墙内引向上面一层去。

室内共有 18 台设备,N 个分配电箱分别供给动力用电。如图中 M_{7130}、M_{115}W、M_{712} 三台设备由西南面 1 号配电箱供电,其中分式 1/7.625、2/4.125、3/2.425 所示意思是分子为设备编号,分母为电动机的容量单位,为 kW;其他均为相同意思。

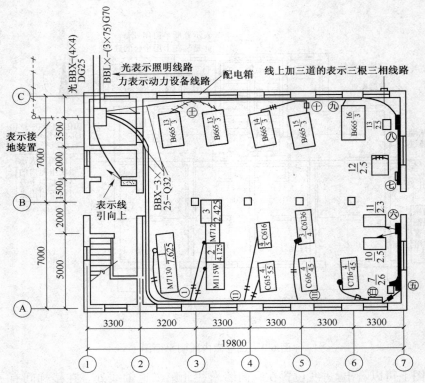

图 6-4 小车间首层动力线路平面图

三、识读电气配件大样图

电气工程的局部安装,配件构造均要用详图表示出来,才能进行施工。这里介绍一些配件大样图和安装线路图等详图供看图参考。

1. 配电箱大样图

照明系统的配电箱内配电盘的构造详图如图 6-5 所示,它标志出电闸(开关)的位置,电线的穿法,电盘尺寸等。

2. 电灯照明的接线图

这里选了两个接线图说明照明具体的接线方法,这也属于一种详图。

一只开关控制一盏灯的接线方法,开关应接在相线这一头,如图 6-6(a)所示。

一只开关控制一盏灯和一个插座的接线方法,如图 6-6(b)所示。

3. 日光灯的接线图

这里介绍一个日光灯单灯线路图。从图上可以了解开关到灯管之间线头如何接法的图样,从而可以安装时不致弄错。如图 6-7 所示。

4. 线路过墙穿管的大样图

室内照明明线过墙时敷设方法的详图如图 6-8 所示,施工时应按图要求进行安装。

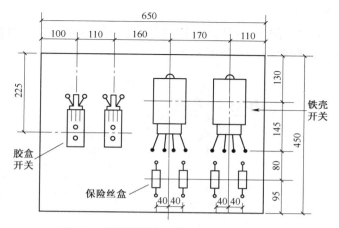

图 6-5 照明系统配电箱、配电盘构造详图

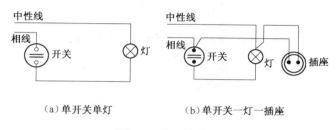

（a）单开关单灯   （b）单开关一灯一插座

图 6-6 照明接线图

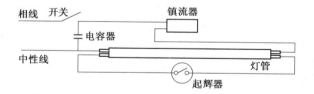

图 6-7 日光灯接线图

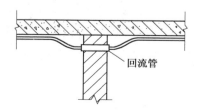

图 6-8 绝缘线穿过墙作法图

5. 外线横担大样

室外电杆上横担的制作大样图如图 6-9 所示。图上表明横担用材料(角铁,U 形卡环)、尺寸,施工时照此制作后就可安装。

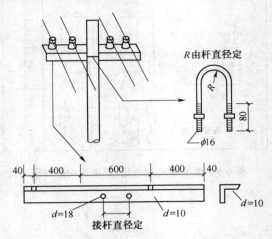

图 6-9 室外电杆上横担的制作大样图

电气施工详图内容广泛,不能一一介绍,学会了看图。在具体的施工中那些施工详图可查阅相关的《施工安装图册》。

第七章　建筑室内装饰施工图

第一节　建筑室内装饰平面图的识读

一、识读顺序和要点

识读装饰平面图应抓住面积、功能、装饰面、设施以及与结构的关系等五个要点,具体顺序如下:

(1)识读建筑室内装饰平面图要先看图名、比例、标题栏,认定该图是什么平面图。再看建筑平面基本结构及其尺寸,待到把各房间名称、面积,以及门窗、走廊、楼梯等的主要位置和尺寸了解清楚后。再阅读建筑平面结构内的装饰结构和装饰设置的平面布置内容。

(2)通过对各房间和其他空间主要功能的了解,明确为满足功能要求所配置的设备与设施种类、规格和数量,以便制订相关的购买计划。

(3)要注意区分建筑尺寸和装饰尺寸。在装饰尺寸中,要分清其中的定位尺寸、外形尺寸和结构尺寸。

(4)由于平面布置图上为了避免重复,同样的尺寸往往只代表性地标注一个,识读图时要注意将相同的构件或部位归类。

(5)通过平面布置图上的投影符号,明确投影面编号和投影方向,并进一步查出各投影方向的立面图。

(6)通过阅读文字说明,了解设计对材料规格、品种、色彩和工艺制作的要求,明确各装饰面的结构材料与饰面材料的关系与固定方式,并结合面积作材料计划和施工安排计划。

(7)通过平面布置图上的剖切符号,明确剖切位置及其剖视方向,进一步查阅相应的剖面图。

(8)通过平面布置图上的索引符号,明确被索引部位及详图所在位置。

(9)了解以建筑平面为基准的定位尺寸是确定装饰面或装饰物在平面布置图上位置的尺寸。在平面图上必须找到需两个定位尺寸才能确定一个装饰物的平面位置。

(10)熟悉装饰面或装饰物的平面形状与大小、外形尺寸、装饰面或装饰物的外轮廓尺寸。

二、识读举例

如图 7-1 所示,该图为某住宅房平面布置图,比例为 1:100。

图中轴线④～⑤之间为该户型的入门,入门后左侧是起居厅,位于轴线②～④之

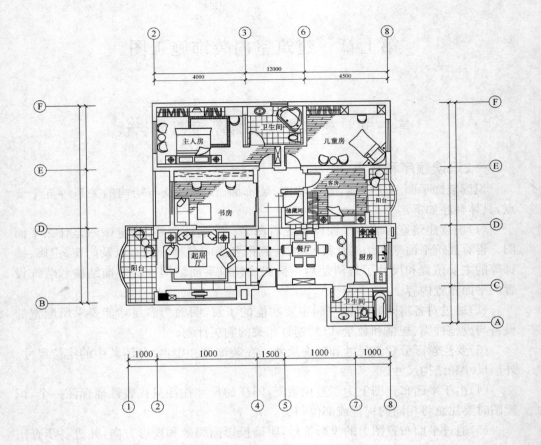

图 7-1　平面布置图

间,进深为 5.4m,开间为 4.2m;右侧是餐厅,位于轴线⑤~⑦之间,进深为 3.82m,开间为 3.4m;位于轴线④~⑤与轴线 D~E 为起居厅和餐厅通往书房及卧室过道,宽度为 1.5m,长度为 3.0m。以上三个空间为公共空间。也是室内装饰的重点空间。地面瓷砖设有拼花。

位于轴线 D~E 之间,紧邻起居厅的空间是书房。进深为 4.5m;开间为 3m;位于轴线②~③之间,与书房相邻的空间是主人房,进深为 4.9m,开间为 3.6m。

位于轴线 D~E 之间,与餐厅相邻的是客房,进深为 3.34m,开间为 3.3m。位于轴线⑥~⑧之间,与客房相邻是儿童房,进深为 4.5m,开间为 3.6m。

以上四个空间为私密空间,地面材料为木地板。

其余空间为厨房、卫生间与阳台从图上可以看出其地面瓷砖规格明显小于公共空间,应是铺设防滑材料。

第二节　建筑室内装饰顶棚平面图的识读

一、识读顺序和要点

（1）应先看清楚顶棚平面图与装饰平面图各部分的对应关系，核对顶棚平面图与装饰平面图在基本结构和尺寸上是否相符。

（2）看有逐级变化的顶棚，要分清它的标高尺寸和线型尺寸，并结合造型平面分区线，在平面上建立起三维空间的尺度概念。

（3）通过顶棚平面图上的索引符号，找出详图对照着识读，弄清楚顶棚的详细构造。

（4）通过顶棚平面图上的文字标注，了解顶棚所用材料的规格、品种及其施工要求。

（5）通过顶棚平面图，了解顶棚灯具和设备设施的规格、品种与数量。

二、识读举例

如图 7-2 所示可以看到几个不同的标高，按顺序分别是 2.8m、2.55m、2.65m、2.6m、2.5m。

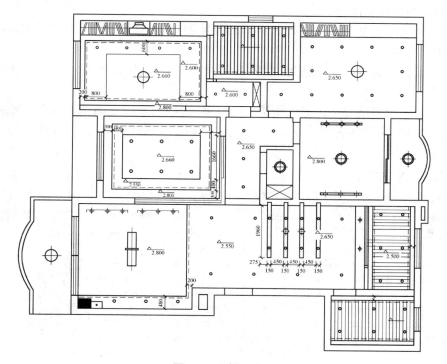

图 7-2　顶棚平面图

在起居厅的顶棚上有一个层级内藏灯带(用虚线表示),正中间布置一盏造型吊灯。餐厅设计有两个标高,分别是 2.55m 和餐桌上方的四个凹槽标高为 2.65m,图纸上凹槽标有尺寸大小与间隔距离。在每个凹槽中各有两个 40W 筒灯,在第二条与第三条凹槽的正中间多了两盏吊灯。卧室、书房的读图方法与之相同。

有关顶棚的剖面详图即标明在饰施图上。

在顶棚平面图上还标明了所用材料和颜色要求。

第三节 建筑室内装饰立面图的识读

一、识读顺序和要点

(1)首先应看清楚明确建筑装饰立面图上与该工程有关的各部尺寸和标高。

(2)阅读室内装饰立面图时,要结合平面图、顶棚平面图和该室内其他立面图对照阅读,明确该室内的整体做法与要求。

(3)通过图中不同线型的含义,搞清楚立面上各种装饰造型的凹凸起伏变化和转折关系。

(4)熟悉装饰结构之间以及装饰结构与建筑结构之间的连接固定方式,以便提前准备预埋件和紧固件。

(5)弄清楚每个立面上有几种不同的装饰面,以及这些装饰面所选用的材料与施工工艺要求。

(6)要注意设施的安装位置,电源开头、插座的安装位置和安装方式,以便在施工中留位。

(7)立面上各装饰面之间的衔接收口较多,这些内容在立面图上表明比较概括,多在节点详图中详细表明。要注意找出这些详图,明确它们的收口方式、工艺和所用材料。

二、识读举例

如图 7-3 所示,是轴线②~⑦之间的起居厅、入户门和餐厅的立面图,比例为

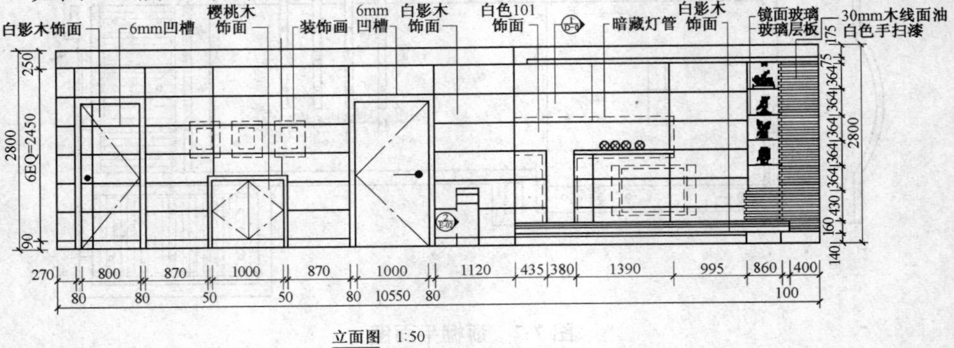

立面图 1:50

图 7-3 立面图

1∶50,图中标明了墙面所使用的材料、颜色、尺寸规格和部分家具高度。同时也标明了踢脚线高度和用料。

从剖面索引符号中可以看到在图号为 D-01 上有电视背景墙的剖面图,在图号为 E-02 上有矮柜正面造型以及外部颜色和用料,内部构造及用料。

从图 7-1 中可以看到轴线②～⑦之间的平面形状和尺寸。

在图 7-2 中还可以看到顶棚的剖面形式、尺寸和用料。

第四节　建筑室内装饰剖面图的识读

一、识读顺序和要点

(1)识读建筑装饰剖面图时,首先要对照平面布置图,掌握剖切面的编号是否相同,了解该剖面的剖切位置和剖视方向。

(2)阅读建筑装饰剖面图要结合平面布置图和顶棚平面图进行,才能全方面地理解剖面图示内容。

(3)要分清建筑主体结构的图像、尺寸和装饰结构的图像、尺寸。当装饰结构与建筑结构所用材料相同时,它们的剖断面表示方法应该是相一致的。要注意区分,以便进一步了解它们之间的关系。

(4)通过对剖面图中所示内容的识读,明确装饰工程各部位的构造方法、构造尺寸、材料要求与工艺要求。

(5)建筑室内装饰造型变化多,模式化的做法少。作为基本图的装饰剖面图只能表明原则性的技术构成,具体细节还需要通过详图来补充表明。因此,在阅读建筑室内装饰剖面图时,还要注意按图中索引符号所示方向,找出各部位节点详图,不断对照。掌握各连接点或装饰面之间的关系,以及包边、盖缝、收口等细部的材料、尺寸和详细做法。

二、识读举例

如图 7-4 所示是电视背景墙的剖面图,它是根据索引符号 D-01 所指,在平面图中位于轴线②～④之间,剖切后向左投影而得的剖面图,与电视背景墙立面图(图 7-3)相对应。阅读时应注意复核三图之间各个部位的尺寸标注是否相同。

从图中可以了解电视背景墙各部位的构造方法、尺寸、材料、颜色和工艺要求。

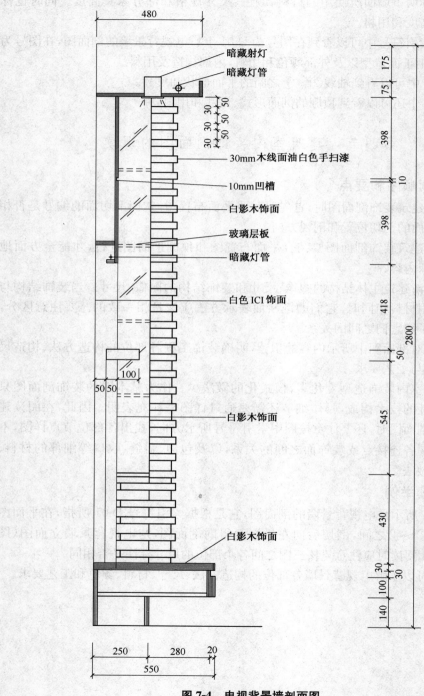

图 7-4 电视背景墙剖面图

第五节　建筑室内装饰详图的识读

一、识读顺序和要点

　　识读装饰构配件详图时,应先看详图编号和图名,弄清楚该详图是从何图中索引而来的。有的构配件详图单独有立面图和平面图,也有的装饰构配件图的立面形状或平面形状及其尺寸就在被索引图样上,不再另行画出。因此,阅读时要注意配合被索引图进行周密的核对,了解它们之间在尺寸和构造方法上的关系。通过阅读,弄清楚各部件的装配关系和内部结构,紧紧抓住尺寸、详细做法和工艺等要求三个要点。

二、识读举例

　　如图 7-5 所示是书房推拉门的详图,由立面、节点剖面及技术说明等组成。从图中可以了解该图主要有构配件的形状、详细材料图例、构配件的各部分所用的材料名、规格、颜色以及工艺做法等要求。

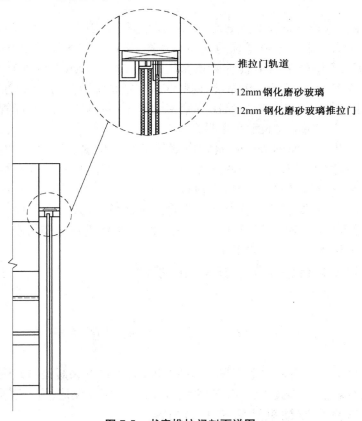

推拉门轨道

12mm 钢化磨砂玻璃

12mm 钢化磨砂玻璃推拉门

图 7-5　书房推拉门剖面详图

第六节　建筑室内装饰给排水图的识读

室内给水排水施工图表示建筑物内部的给水工程和排水工程(如厕所、浴室、厨房、锅炉房、实验室等),主要包括平面图、系统图和详图。

一、给水排水施工图的特点

(1)给排水、采暖、工艺管道及设备常采用统一的图例和符号表示,这些图例、符号并不能完全反映实物的实样。因此,在阅读时,要首先熟悉常用的给水排水施工图的图例符号所代表的内容。

(2)给水排水管道系统图的图例,线条较多,识读时,要先找出进水源、干管、支管及用水设备、排水口、污水流向、排污设施等。一般情况下,给水排水管道系统的流向图如下:

室内给水系统:进户管→水表井(或阀门井)→干管→立管→支管→用水设备。

室内排水系统:用水设备排水口→存水弯(或支管)→干管→立管→总管—室外下水井。

(3)给水排水管道布置纵横交叉,在平面图上很难表明它们的空间走向,所以常用轴测投影的方法画出管道系统的立面布置图,用以表明各管道的空间布置状况。这种图称为管道系统轴测图,简称管道系统图。在绘制管道系统轴测图时,要根据各层的平面布置绘制;识读管道系统轴测图时,应把系统图和剖面图对照进行识读。

(4)给水排水施工图与土建筑图有紧密的联系,留洞、打孔、预埋管沟对土建的要求在图纸上要有明确地表示和注明。

室内给水排水平面图表示建筑物内部的给水和排水工程内容,主要包括平面图、系统图和详图。室内与室外的分界一般以建筑物外墙为界(有时给水以及进口处的阀门为界,排水以外第一个排水检查井为界)。平面图表明了给水排水管道及设备的平面布置,主要包括干管、支管、立管的平面位置,管口直径尺寸及各立管的编号,各管道零件(如阀门、清扫口等)的平面位置,给水进户管和污水排出管的平面位置及与室外给水排水管网的相互关系。

二、建筑室内装饰给排水施工图的识读

参见本书第四章。

第七节　建筑室内装饰采暖图的识读

寒冷地区为保持室内的生活和工作的温度,必须设置采暖设备。一建筑室内装饰的采暖工程,包括采暖系统平面图、系统轴测图、详图及设计、施工说明。

一、建筑室内装饰采暖施工图的内容

采暖平面图主要表明建筑室内装饰采暖管道及采暖设备的平面布置情况,主要

内容为：

①采暖总管入口和回水总管入口的位置、管径和坡度。

②各立管的位置和编号。

③地沟的位置和主要尺寸及管道支架部分的位置等。

④散热设备的安装位置及安装方式。

⑤热水供暖时，膨胀水箱、集气罐的位置及连接管的规格。

⑥蒸气供暖时，管线间及末端的疏水装置、安装方法及规格。

采暖轴测图（亦称系统图）反映了采暖系统管道的空间关系。

二、建筑室内装饰采暖施工图的识读

参见本书第五章。

第八节　建筑室内装饰电气图的识读

建筑室内装饰电气施工图是根据国家颁布的有关电气技术标准和通用图形符号绘制的，并附以简单扼要的文字说明，把电气设计内容明确地表示出来，用以指导建筑室内装饰的电气施工。

识读建筑室内装饰电气施工图首先应识别国家颁布的和通用的各种电气元件的图形符号，掌握建筑物内的供电方式和各种配线方式。

一、电气施工图的构成

电气施工图的构成一般由首页、电气平面图、电气系统图、设备布置图、电气原理接线图和详图等组成。

（1）首页。首页的内容有图纸目录、图例、设备明细表和施工说明等。

（2）电气平面图。电气平面图是表示各种电气设备与线路平面布置的图纸，它是电气安装的重要依据。它将同一层内不同高度的电器设备及线路都投影到同一平面上来表示。

（3）电气系统图。电气系统图是概括整个工程或其中某一工程的供电方案与供电方式并用单线联结形式表示线路的图样。它比较集中地反映了电气工程的规模。

（4）设备布置图。设备布置图是表示各种电气设备的平面与空间位置、安装方式及其相互关系的图纸。

（5）电气原理接线图（或称控制原理图）。电气原理图是表示某一具体设备或系统的电气工作原理图。

（6）详图。详图亦称大样图。详图一般采用标准图，主要表明线路敷设、灯具、电器安装及防雷接地、配电箱（板）制作和安装的详细做法和要求。

二、建筑室内装饰电气施工图的识读

参见本书第六章。

参 考 文 献

[1] 沈渝德. 室内环境与装饰[M]. 四川:西南师范大学出版社,2002.

[2] 刘林,邓学雄,黎龙. 建筑制图与室内设计制图[M]. 广州:华南理工大学出版社,1997.

[3] 乐嘉龙. 学看建筑装饰施工图[M]. 北京:中国电力出版社,2002.

[4] 王彦惠,李宗惠,骆中钊. 建筑工程施工读图常识[M]. 北京:化学工业出版社,2006.

[5] 骆中钊,张仪彬,胡文贤. 家居装饰设计[M]. 北京:化学工业出版社,2006.

[6] 建设部《城乡建设》编辑部,建筑工程施工识图入门[M]. 北京:中国电力出版社,2006.

[7] 骆中钊,张仪彬,洪仲康. 制图与识图[M]. 北京:化学工业出版社,2009.